Blender 3D
動畫設計入門

序

很多設計者在尋找 3D 設計工具時，常因軟體的龐大且安裝不易而感到困擾。然而，Blender 軟體卻不同，它不但輕薄短小且功能強大，能夠激發您對創造美麗且生動的三維作品的無限熱情。在這本《Blender 3D 動畫設計入門》中，我將與您分享從建模到材質設計的基礎知識，以及一些能讓您的作品更具魅力的簡單設計技巧。

自從接觸 Blender 以來，我深深被它作為一個開源且強大的 3D 創作工具的潛力所吸引。透過這本書，我希望能將我的學習與設計經驗傳授給像您這樣的讀者，不論您是初學者還是希望鞏固現有技能的藝術家。

我在書中盡可能用簡潔易懂的語言與圖片說明，逐步引導您理解 Blender 的各種設計技巧，同時也穿插了我個人的學習心得和實用提示，希望能幫助您克服學習過程中可能遇到的挑戰。

感謝您的信任與支持，我誠摯地希望這本書能成為帶領您進入 3D 世界的入門書，讓您的創意呈現真實的 3D 動畫世界。

卯聰倚

eelshop@yahoo.com.tw

目錄

CHAPTER **3**　建立簡易 3D 物件

CHAPTER **4**　Blender 材質與 UV 設定

CHAPTER 5　相機、燈光與渲染設定

CHAPTER 6　雕刻功能與 3D 列印

CHAPTER **7**　3C 產品設計

CHAPTER **8**　空間場景設計實例

CHAPTER **9**　角色製作實例

CHAPTER 10 　特效與動畫製作

CHAPTER A 　元宇宙虛擬空間

▼ 範例下載

本書相關資源請至 http://books.gotop.com.tw/download/AEU017300
下載，若檔案為 ZIP 格式，請讀者自行解壓縮即可。其內容僅供合法持有
本書的讀者使用，未經授權不得抄襲、轉載或任意散佈。

01

CHAPTER

Blender 介面
與基本操作

|1-1| 下載軟體

01 上網搜尋【Blender】下載，點選連結網址【blender.org】。

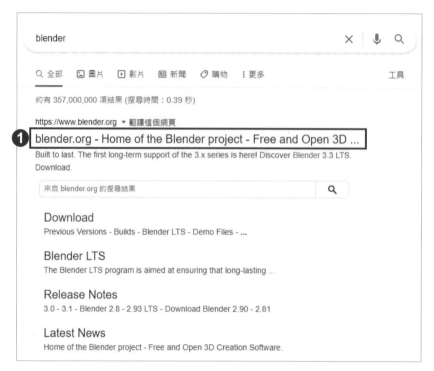

02 點選【Download】。

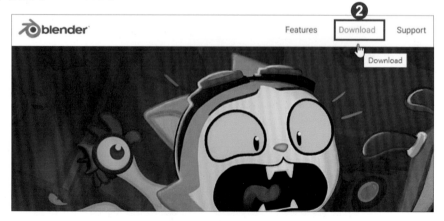

03 點選【Download Blender】下載最新版。

04 若需要下載舊版本可以點選上方的【Previous Versions】。

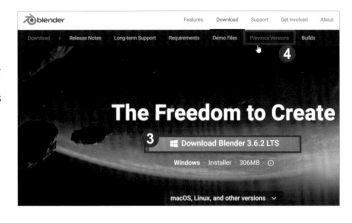

05 在舊版本的頁面，可以點擊【Download Any Blender】看到全部版本。

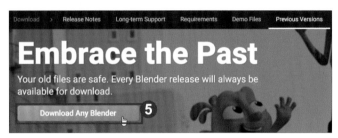

06 選擇需要的大版本 3.6，再選擇小版本與相符合的安裝檔，例如 3.6.2-windows -x64.msi。

```
Blender3.2/
Blender3.3/
Blender3.4/
Blender3.5/
Blender3.6/      6
BlenderBenchmark1.0/
BlenderBenchmark2.0/
Publisher2.25/
plugin/
yafray.0.0.6/
yafray.0.0.7/
GPL-license.txt
GPL3-license.txt
blender2.04-ipaq.zip
```

```
blender-3.6.1.md5
blender-3.6.1.sha256
blender-3.6.2-linux-x64.tar.xz
blender-3.6.2-macos-arm64.dmg
blender-3.6.2-macos-x64.dmg
blender-3.6.2-windows-x64.msi
blender-3.6.2-windows-x64.msix
blender-3.6.2-windows-x64.zip
blender-3.6.2.md5
blender-3.6.2.sha256
```

小提醒

本書使用的版本為 3.6，但此軟體的版本更新速度快，未來的版本與介面操作或許稍有不同，但對使用本書在學習 3D 設計及製作上沒有任何的影響。

|1-2| 如何切換中文版

01 安裝完成後即可啟動 Blender 程式，開啟後介面為英文版，點選左上方的【Edit】→【Preferences…】。

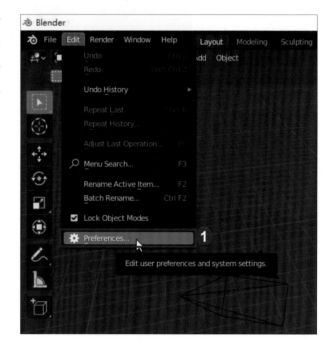

02 切換到【Interface】，點選【Language】。

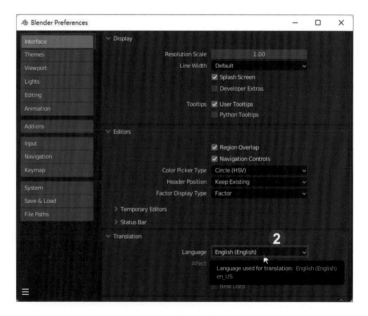

03 點選【繁體中文】的選項,就會切換成繁體中文版。

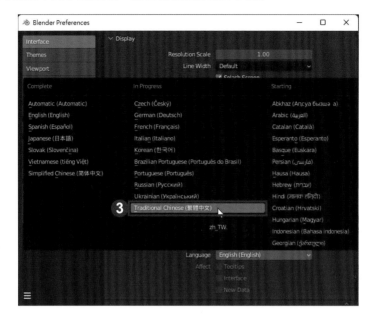

|1-3| 3D 基本操作

01 開啟 Blender 時,畫面中央會放一個方塊,藉由這個方塊來認識視角控制。

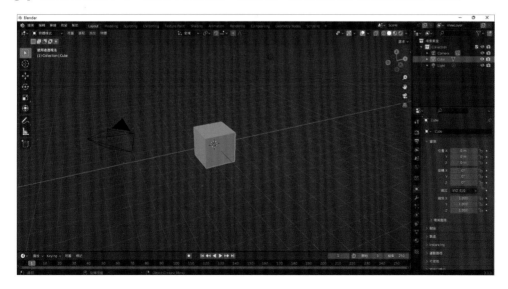

02【3D 環轉】：按住滑鼠中鍵不放並且移動滑鼠可以做 3D 環轉，或是將游標移至轉向軸，拖曳灰色區域也可以完成同樣動作。

03【縮放】：滑鼠滾輪向前滾動可以放大畫面，向後滾動可以縮小畫面，或是點選縮放按鈕不放並且拖曳也可以完成同樣動作。

04【平移】：先按住「Shift」不放並按住滑鼠中鍵，同時移動滑鼠可以平移畫面，或是按住平移按鈕不放並且拖曳也可以完成同樣動作。

05 【相機】：點選相機 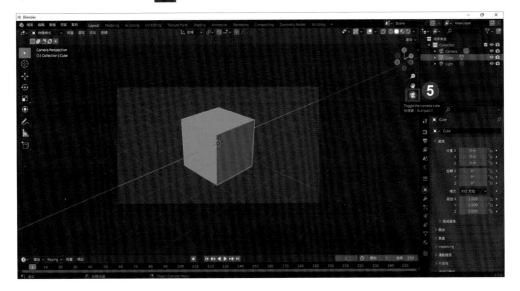，此時畫面會變成相機所拍攝的視角，再點一次切回來。

06 【透視等角切換】：預設是透視模式，可以發現方塊有近大遠小感覺。

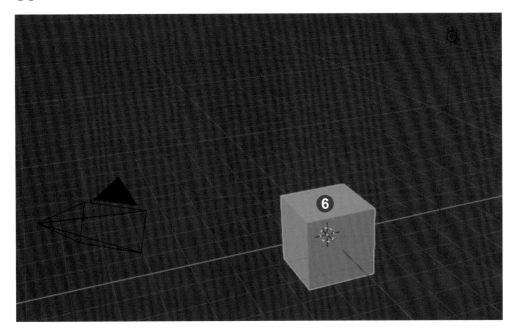

07 點選透視等角切換 ，此時邊長相平行且等長。

08 可以利用鍵盤右側的數字快捷鍵切換到正視圖，例如數字「7」可以切換到上視圖，左上角會顯示目前視角，其他快捷鍵如右圖所示。(反向的意思是，若目前在前視圖，按數字「9」會切換到後視圖)。

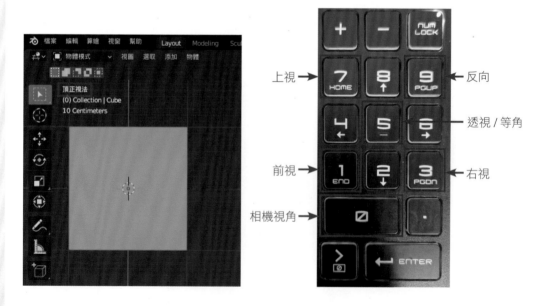

小秘訣

若筆記型電腦沒有數字鍵盤，可以按鍵盤的【`】（「Tab」鍵上方的按鈕來切換），如圖一，或是點擊上方的【視圖】→【視點】可以切換視角，如圖二。

▲ 圖一

▲ 圖二

09 選取方塊，按下鍵盤的小數點【.】，可以將畫面立即帶到該模型前方；按下「Shift＋C」可以將畫面回到正中央，以方便檢視。

|1-4| 如何選取物件

01 畫面中點選方塊時，此時方塊會顯現橘色，右上的大綱管理器會顯示藍色底色，而右下的屬性也會切換為方塊的屬性。

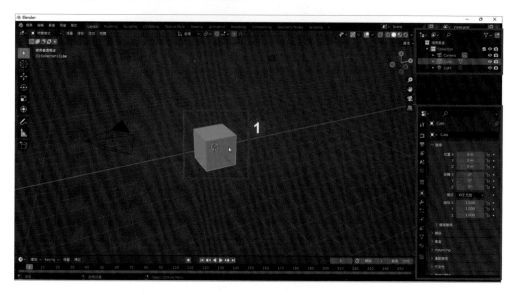

02 此時，將縮放的 X 軸改 3，方塊 X 軸方向的長度會因此有所改變。也就是改點選其他物件時，大綱管理器和屬性就會同時改成該點選物件的專屬面板。

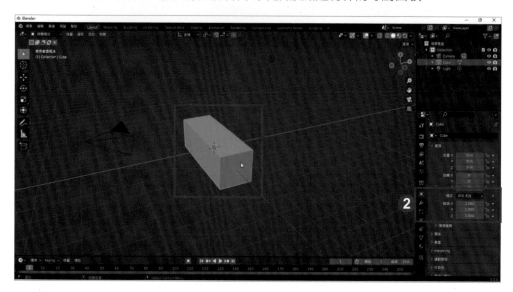

03 【全選】：按下 A，此時畫面中的所有物件會被選取。

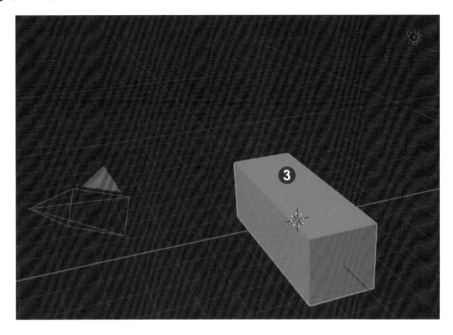

04 【移除選取】：在全選的狀態下，按住「Shift」並且點選方塊，此時方塊會從選集被移除。

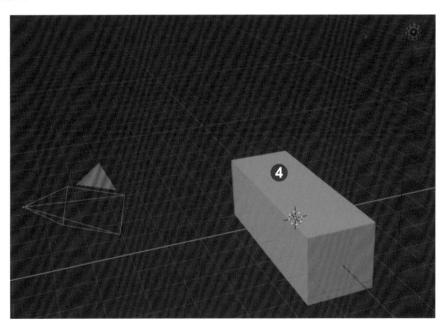

05【加選】：在方塊尚未被選取的狀態下，按住「Shift」並且點選方塊，此時方塊
會從選集被加入。

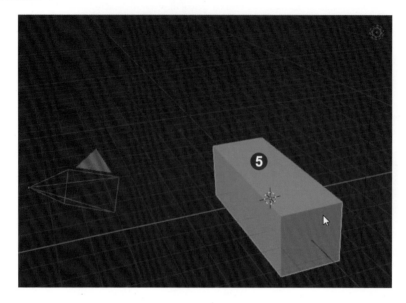

| **1-5** | 目前的物件

01 在空白處點擊左鍵，此時會移除所有物件的選取。

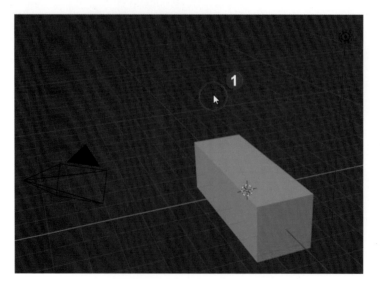

02 按住「Shift」不放，依序選取相機、燈、方塊，最後選取的方塊會呈現亮橘色，也稱之為目前的物件。

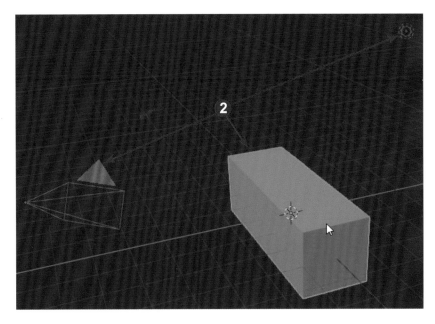

03 目前的物件（方塊）在大綱管理器中，會呈現亮藍色底色，同時屬性面板呈現的是目前物件的性質，此時，將縮放的 Y 軸改 3，方塊 Y 軸方向的長度會因此有所改變。

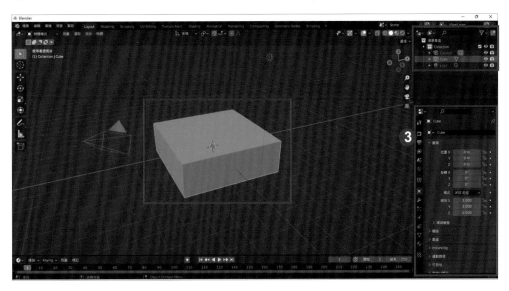

小秘訣

若按住「Alt」，同時拖曳 X、Y 或 Z 的數值，會影響到所有選取物件。

|1-6| 移動物件

基本上在 Blender 中，移動物件有三種不同的方式：(1) 調整屬性、(2) 按下移動鈕、(3) 按下快捷鍵。

01 調整屬性：要移動物件，現在介紹屬性面板的操作方式，請按下右下角的橘色方塊。

02 一開始的數值為 0，把 X 軸的數值改為 5，很明顯方塊往 X 軸移動 5 的距離。

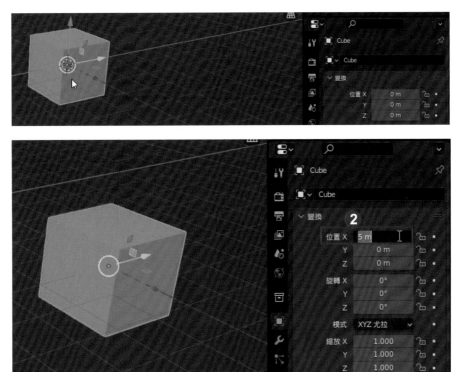

03 按下移動鈕：拖曳藍色軸，讓物件往上移，左下角會出現移動面板，點擊後會出現完整面板，在 Y 軸輸入為 3，很明顯方塊往 Y 軸移動 3 的距離。

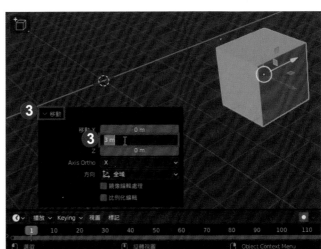

04 按下快捷鍵：先按下移動快捷鍵「G」鍵，再按下「Z」，輸入 8，按下「Enter」或點一下滑鼠左鍵，很明顯方塊往 Z 軸移動 8 的距離。

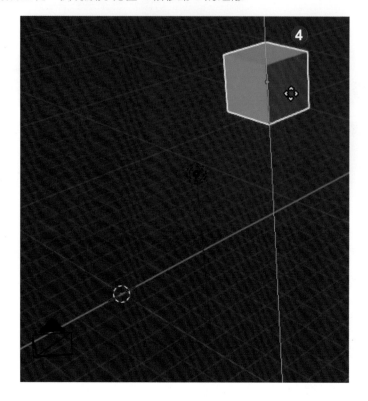

05 在平面移動：按下移動按鈕，游標停留位置為兩軸之間的小方塊，就可以同時往 X 軸和 Y 軸移動，而 Z 軸不變。

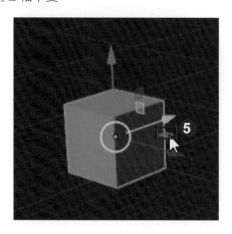

06 讓物件回到原點：在屬性面板的位置 X 按住滑鼠左鍵往下拉到 Z，輸入 0，就可以讓座標皆為 0。

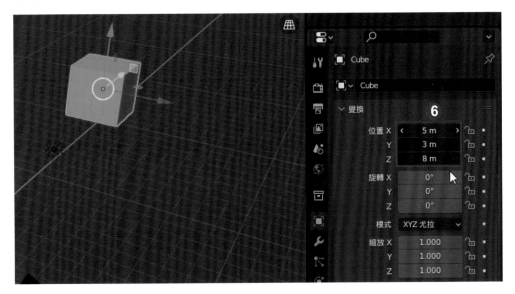

07 小距離移動：先移動方塊，再按住「Shift」鍵不放，此時移動距離會變短。

08 平行螢幕移動：若移動的時候，按住畫面中白色圈圈，移動軌跡是平行於螢幕的移動。

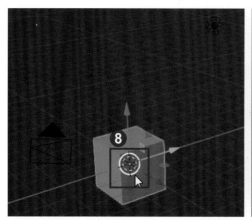
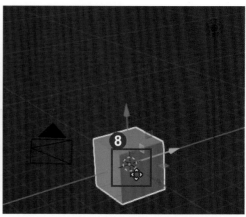

|1-7| 旋轉物件

01 按下旋轉鈕：如果想對 Y 軸旋轉 45 度，請拖曳 Y 軸的圓圈（綠色），然後在左下角旋轉面板輸入 45，按下「Enter」。

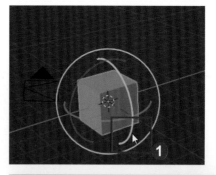
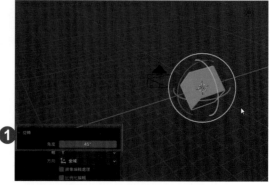

02 平行螢幕旋轉：若旋轉的時候，拖曳畫面中白色圈圈，旋轉軌跡是平行於螢幕的旋轉。

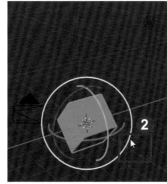
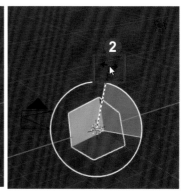

03 刻度化：按住「Ctrl」鍵不放旋轉方塊，旋轉的周圍會產生刻度，就可以依照想要的角度來旋轉。

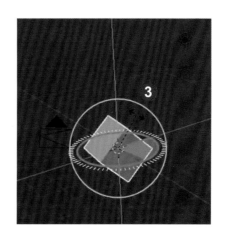

04 按下快捷鍵：先按下旋轉快捷鍵【R】鍵，再按下「Z」，輸入為 45，很明顯方塊往 Z 軸旋轉 45 度。

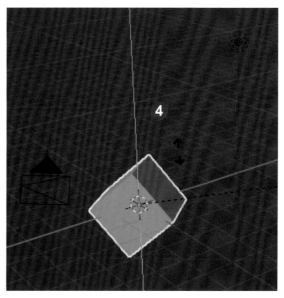

| 1-8 | 縮放物件

01 點選縮放鈕：如果想對 X 軸縮放 5，點選 X 軸並拖曳，然後在左下角縮放面板的 X 軸的數值改為 5，可以看到方塊往 X 軸拉長 5 倍。

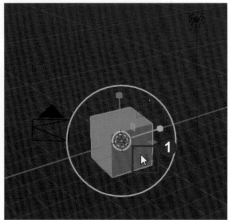

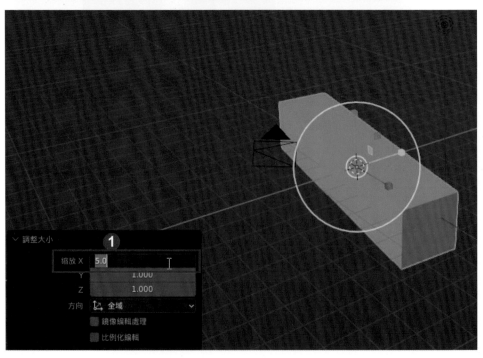

02 若想要縮放皆為 3，在屬性面板的縮放 X 按住滑鼠左鍵往下拉到 Z，輸入 3，按下「Enter」，就可以讓方塊等比例放大 3 倍。

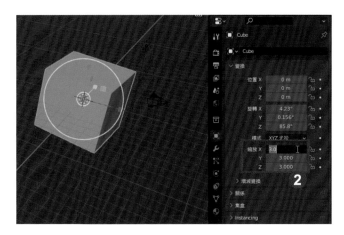

03 按下快捷鍵：先按下縮放快捷鍵「S」鍵，再按下「Y」，左下角調整大小面板輸入 0.5 之後按下「Enter」鍵，很明顯方塊在 Y 軸方向厚度變成一半。

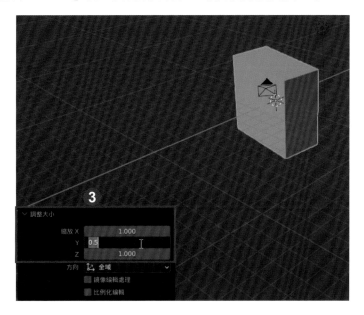

04 在移動、旋轉、縮放的操作中，Blender 提供多種操作方式，讀者可以自由選擇自己比較順手的模式來進行設計。

|1-9| 刪除物件

刪除物件提供五種不同方式：

01 點選要刪除的物件再按下「Delete」鍵。

02 點選要刪除的物件，按右鍵選擇【刪除】。

03 點選要刪除的物件後點左上角的【物體】→【刪除】。

04 點選要刪除的物件，按下
「X」→【刪除】。

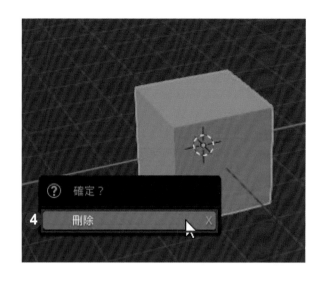

05 在右上角的大綱管理器，
點選要刪除的物件，按右鍵點
選【刪除】。

| 1-10 | 添加物件

01 加入物件：在選單中按下【添加】→【網格】→【立方】，就可以在畫面中建立一個方塊。

02 浮動選單：快捷鍵為「Shift＋A」，會出現浮動選單，在選單中按下【網格】→【圓柱體】，就可以在畫面中建立一個圓柱體，這個方法自由且快速。

03 3D 游標：使用快捷鍵「Shift+ 右鍵」，就可以把 3D 游標放置到任何想放的位置。（新建物件會出現在 3D 游標的位置，按「Shift+C」鍵後 3D 游標會回到原點。）

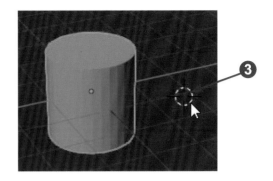

04 浮動式吸附選單：將選取的物件移動至 3D 游標上，使用快捷鍵「Shift+S」→【選取項至游標】；或是在選單中按下【物體】→【吸附】→【選取項至游標】。

05 添加物件時，左下角會出現該物件的簡易面板，在添加當下可以調整它的屬性，離開後簡易面板就消失，無法再繼續更改。

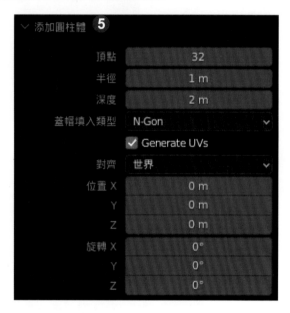

06 變幻球：按下「Shift+A」→【變幻球】→【球】，添加兩個變幻球，移動其中一顆球靠近另一顆球，兩顆球會自動相連。

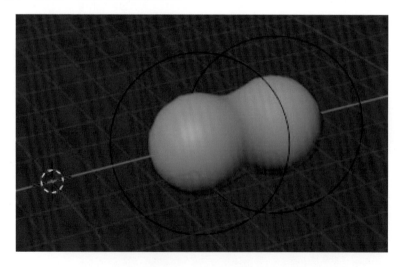

|1-11| 在物件表面建立模型

01 請先建立一個圓柱體後，在左上角點選添加立方體。

02 點選時長按不放，即可更改添加物件的類型。

03 點擊添加立方體的按鈕，屬標移至圓柱體的上表面，可以看到有網格出現，這就是建立物件的基準面。

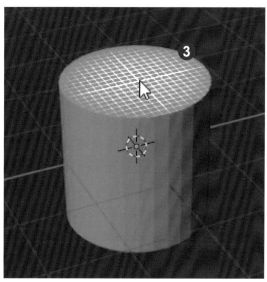

04 拖曳游標會出現立方體的底部矩形，如果要長寬相同請按住「Shift」。

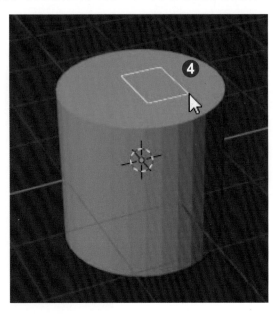

05 將游標往上移動，調整立方體的高度，點擊左鍵完成，此時物件會從線框轉為實心。

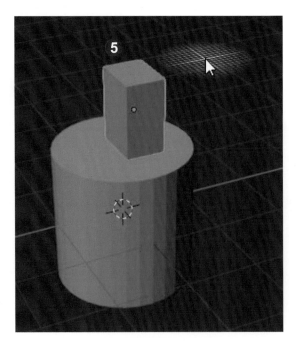

|1-12| 檔案管理

01 延續上一小節,點擊【檔案】→【儲存】。

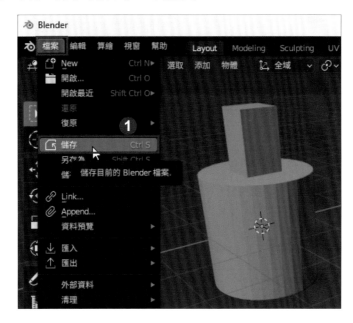

02 找到儲存的位置,設定檔案名稱,點擊【儲存 Blender 檔案】。

03 點擊【檔案】→【New】→【General】建立新檔案。

04 點擊【檔案】→【開啟】，步驟 3 的檔案未存檔，會出現提示文字，選取【不要儲存】，選擇要開啟的檔案即可。

02

CHAPTER

修改器與點邊面
的編輯

|2-1| 建模基本工具 – 擠出

01 選取方塊，按「Tab」鍵進入編輯模式，本章的操作常常需要浮動面板的支援，有需要時可以按下快捷鍵「F9」，讓它出現。

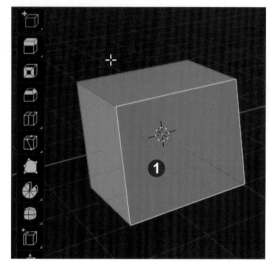

02 游標移至工具列的邊緣，產生雙箭頭圖示時，向右拖曳，就會顯示指令的完整名稱。

03 之後的編輯動作，都是會使用點線面來進行指令的操作，鍵盤上方的數字「1」是點、「2」是線、「3」是面。

04 點選【擠出區塊】，接著點選上圖的  邊圖示，進入邊層級，點選一條邊，拖曳邊或是黃色十字圓圈都可以擠出動作。（也可以選取邊後按下快捷鍵 E）

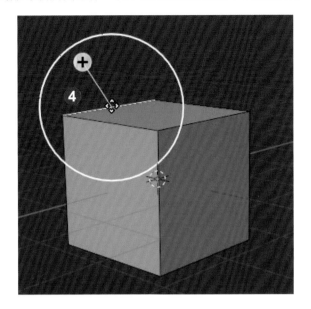

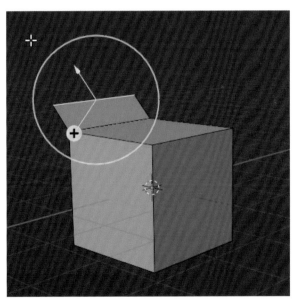

05 接著示範面的擠出，進入 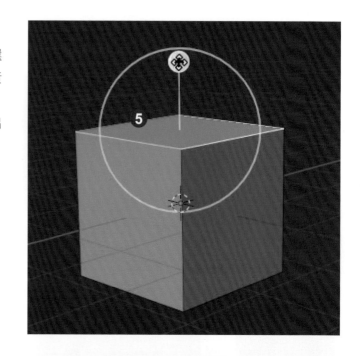 面層級，點選上方的面，把游標停在黃色十字圓圈上讓它反白，再往上拖曳，就可以擠出面。

06 接著點選右上方的面，用同樣的方式向右擠出，完成的擠出效果如圖所示。

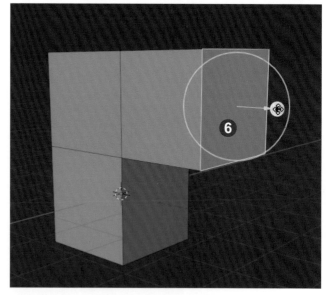

07 請注意擠出的時候，如果動作有錯誤，請用「Ctrl＋Z」退回，不要用 Esc 鍵退出指令，因為這種方式已完成擠出，會多出一個面，也會導致後面模型錯誤。

| **2-2** | 建模基本工具 – 內嵌面、切割

01 延續上一小節的操作，按下內嵌面圖示，點選圖的三個面。

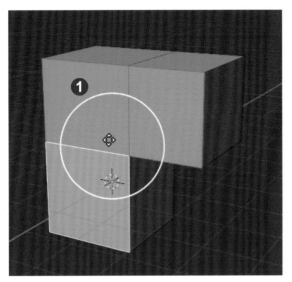

02 點選黃色圓圈，讓它反白，往內拖曳後，完成內嵌面的效果，此時可以發現邊界並不勻稱。

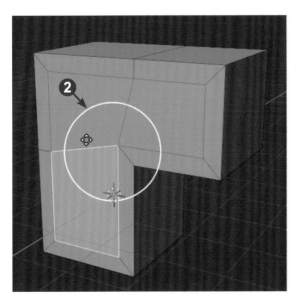

03 可以選用替代方案，就是使用擠出加比例，可以得到比較勻稱的邊界，轉至另一個方向，同樣選擇三個面，按下「E」，點擊右鍵完成擠出，再按「S」縮放指令，將面積縮小，再配合移動指令就可以得到比較勻稱的邊界。

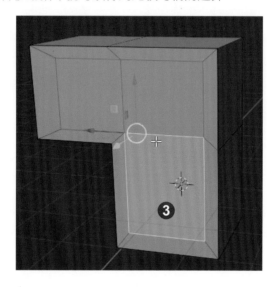

04 點選圖中的兩個面，按下快捷鍵「I」，拖曳面往內縮小，本來兩個面是連接在一起，打開左下方的浮動面板，勾選個別選項，兩個面會獨立的內縮，如圖所示。

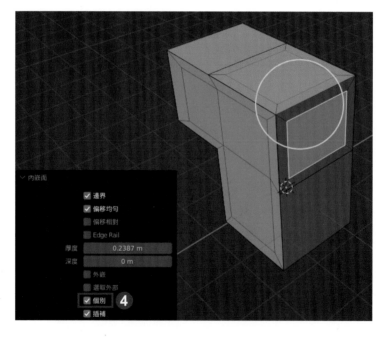

05 環轉至尚未內嵌指令的位置，點選圖中兩個面。

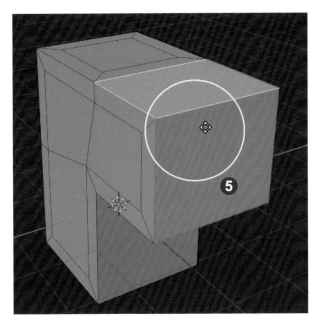

06 按下「I」使用內嵌指令，將面縮小時，發現面是個別的，再按一次「I」鍵可以切換為原來的連接模式。(請注意，要在面還未定位時使用，也就是尚未按下左鍵時)

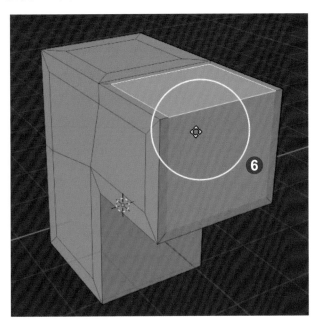

07 點選 Knife（切割），點擊兩條邊，畫出一條水平線，按下「Enter」鍵才能完成切割（按 Esc 會取消切割）。

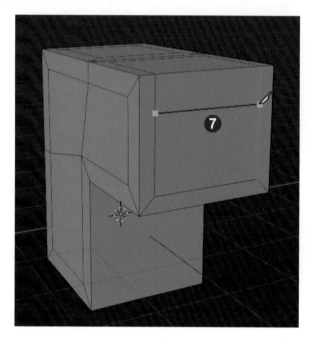

08 在下方空位切出一個三角形，按下「Enter」鍵後，完成切割。

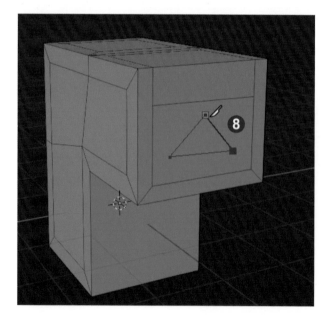

09 點擊【框選】，點選切割出來的三角形內面，按下「E」，向內擠出。

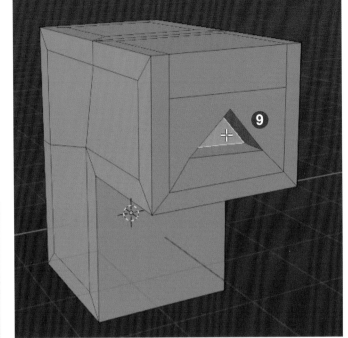

10 再按一次「Tab」鍵可以從編輯模式回到物體模式，才能刪除整個物件或選取其他物件。

|2-3| 建模基本工具 – 倒角

01 新建一個方塊並進入編輯模式,按下【倒角】指令,進入邊層級,點選方塊的右上邊,將黃色圓圈反白,往外拖曳後產生倒角。(也可以按下快捷鍵「Ctrl+B」,游標往外移動)

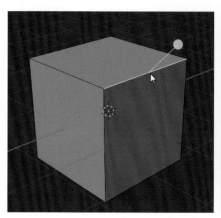
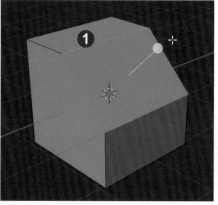

02 在浮動面板中,調整寬度可以繼續變化倒角的大小,而調整分段可以讓倒角圓化,也就是所謂的圓角,如果找不到浮動面板可以按下快捷鍵 F9。

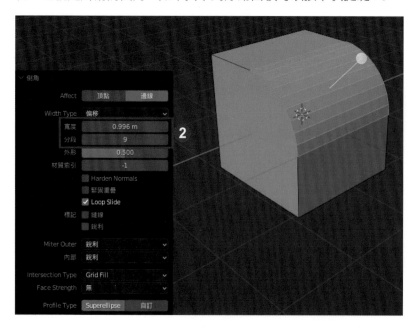

03【外形】數值調小,可以將倒角變化成內凹的形狀。

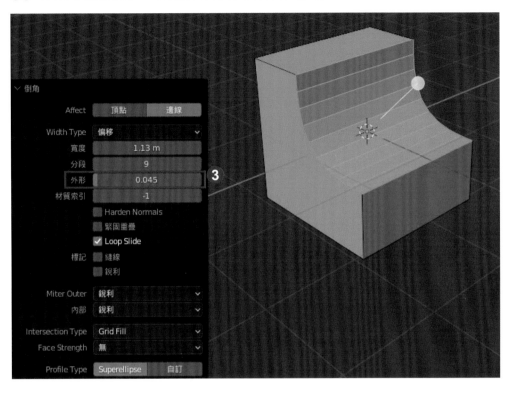

04 倒角的快速操作:選取方塊的邊,按下快捷鍵「Ctrl+B」,游標往外移動產生倒角,如左圖。可以使用滾輪的前後滾動,產生分段的變化,如右圖。

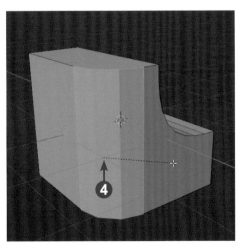

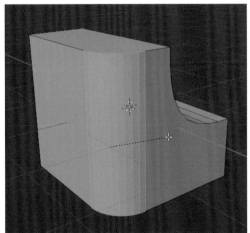

05 製作頂點倒角：建立一個新的方塊，在邊的選取模式下，按下「A」，選取所有邊，按下快捷鍵「Ctrl+B」，游標往外移產生邊倒角，如左圖。重點是，如果此時按下快捷鍵「V」，會產生頂點倒角，如圖所示。在繼續移動游標，可以繼續增加倒角的大小，如右圖所示。

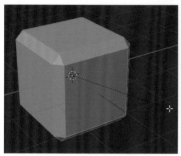
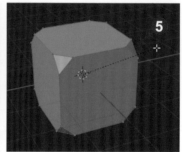

06 倒角正常化：預設的倒角是 45 度，如果將物體做單方向縮放變化時，倒角會變成非 45 度的斜度，如左圖。如果要保持效果較好的倒角，離開編輯模式後，點擊【物體】→【套用】→【縮放】，新製作倒角的角度就會恢復正常，如右圖。

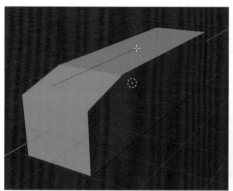
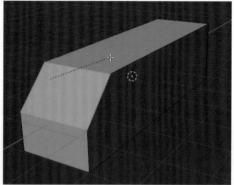

|2-4| 建模基本工具 – 圈切

01 建立一個圓柱體,進入編輯模式,按下快捷鍵「Ctrl+R」,執行圈切指令,游標要停留在圓柱體上,可以看到橫向多一圈環形邊,接著向前滾動會增加環形邊,按左鍵確定後,移動游標可以位移,若不要位移可按右鍵。

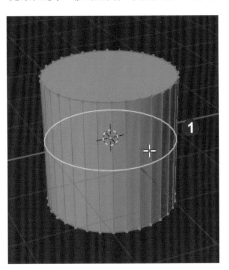
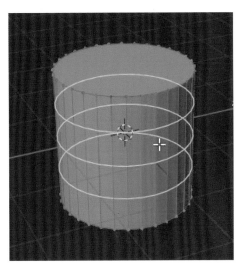

02 按住「Alt」點擊第二排的橫向邊,就能選取整個圈切邊,然後同時按住「Shift+Alt」,加選第四排的橫向邊。

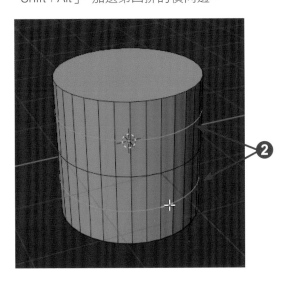

03 按下快捷鍵「S」，對選取的第二排和第四排的圈切邊做縮放，完成下圖的形狀。

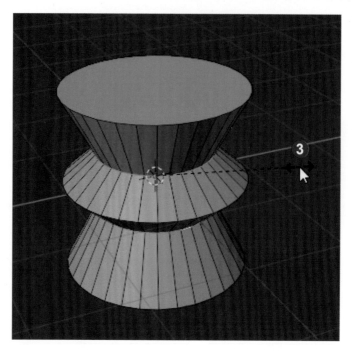

|2-5| 建模基本工具 – Poly Build

01 建立新的檔案,刪除原本的方塊,按下「Shift+A」→【網格】→【平面】。

02 按「Tab」進入編輯模式,點擊左側的【Poly Build】來建立多邊形面。

03 拖曳邊,可以伸長新的面。

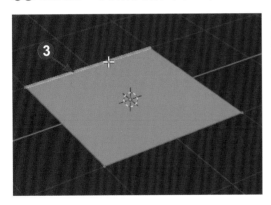

04 按住「Ctrl」點擊左鍵也可以新增面。

05 選取左側的點。

06 按住「Ctrl」點擊右鍵新增兩個點。

07 點擊左側【框選】或按「W」切換，框選四個點。

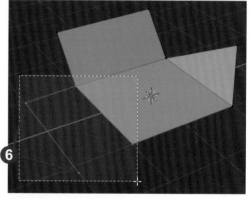

08 按下「F」填滿面。

09 選取左側分開的兩個點，按下「M」→【到中心】，可以合併頂點。

10 完成如下圖。

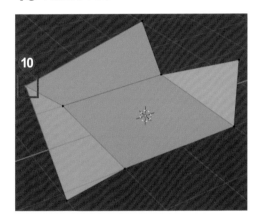

11 點擊【 Poly Build 】工具，按住「Shift」點擊面，可以刪除面。

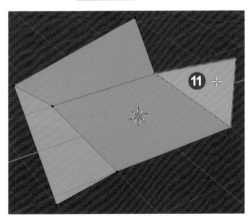 

|2-6| 建模基本工具 – 旋轉

01 建立新的檔案，刪除原本的方塊，按下「Shift＋A」→【網格】→【平面】。按「Tab」進入編輯模式，選取左側的邊。

02 按「Shift＋S」→【游標至所選項】。

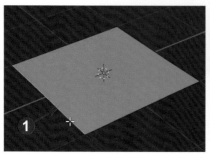

03 點擊左側的【旋轉】來旋轉面。

04 設定旋轉一圈有 12 面，旋轉方向為繞著 X 軸旋轉。

05 進入面層級，選取要旋轉的面。

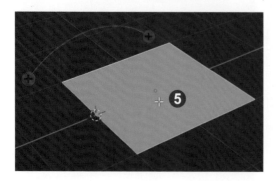

06 點擊一下【  】旋轉 360 度。

07 拖曳白色圓環可以調整角度。

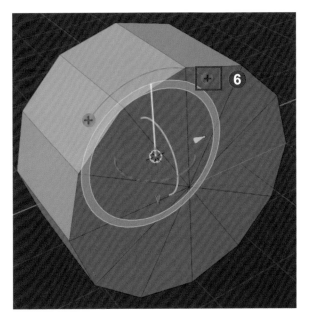

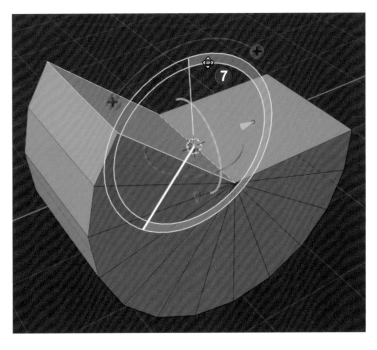

| 2-7 | 修改器

本小節會介紹如何使用修改器，修改器有很多種，可以對物件做某些修改與變化。

細分表面

01 重開 Blender，選取預設方塊，點擊右側【 🔧 】修改器面板。

02 按下【添加修改器】→選擇加入【細分表面】修改器。

03 此時方塊的面會被細分，【Levels Viewport】與【算繪】可以改變細分等級。（【Levels Viewport】影響目前視窗，【算繪】經過第五章的渲染動作後可以看到。）

 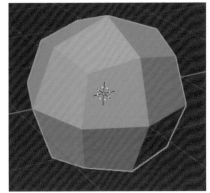

04 數值越大，細分面數越多。

 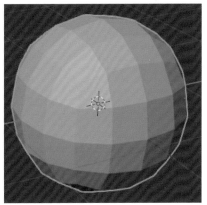

05 選取模型，按右鍵【著色平滑】，使用低面數達到平滑效果。

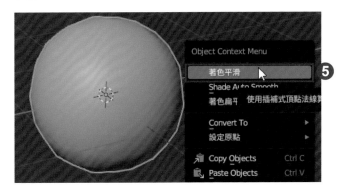

06 注意目前在物體模式下，按下【】→【套用】，修改器與模型合併，就不能再修改。（Ctrl+Z 可以復原步驟）

實體化
. . . .

01 重新建立一個方塊，選取方塊，按「Tab」進入編輯模式，選取上方的面，按「Delete」→【面】刪除面。

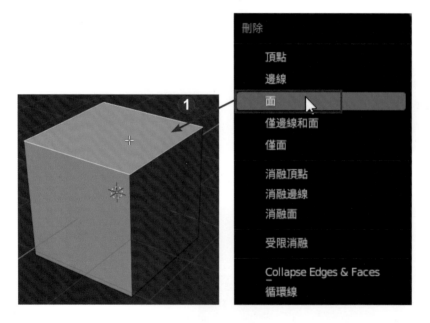

02 在右側修改器面板，按下【添加修改器】→選擇加入【實體化】修改器。

03 實體化修改器可以將方塊加厚，【厚度】數值設定 0.2，勾選【平滑厚度】使厚度保持相同，不會因為形狀而忽薄忽厚。

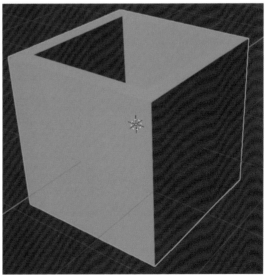

鏡像

01 延續上一個步驟的方塊，按下【添加修改器】→再加入【鏡像】修改器。

02【鏡像】會在【實體化】的下方，表示方塊是先加【實體化】再加【鏡像】修改器，有時候順序會影響結果。

03【軸】的設定是 X，表示模型在 X 軸方向對稱。

04 按「Tab」進入編輯模式，按「A」全選，按「G」移動，會發現方塊在 X 軸方向對稱。

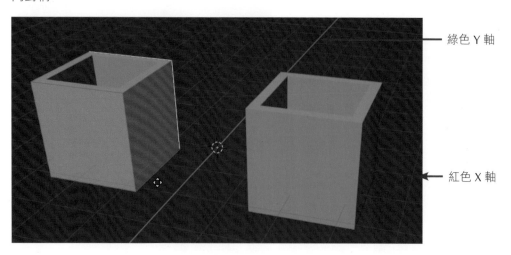

綠色 Y 軸

紅色 X 軸

05 【軸】選擇 X 與 Y。

06 按「G」移動方塊，方塊同時在 X 軸與 Y 軸方向對稱。

 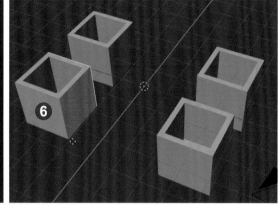

07 按打叉按鈕，移除鏡像修改器。

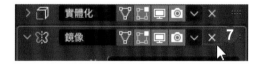

陣列

01 延續上一個步驟的方塊，按下【添加修改器】→再加入【陣列】修改器，陣列是大量複製物件的功能。

02 適應類型選擇【固定計數】，計數輸入 4，總共變成四個物件。係數 X 輸入 1.2，第一個物件往 X 方向偏移 1.2 就是第二個物件的位置。

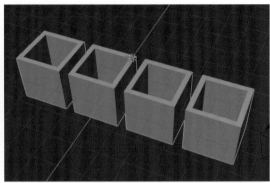

03 係數 Y 輸入 0.6，會再往 Y 方向偏移，數值輸入負值則是反方向。

修改器的顯示

01 延續上一個方塊模型，確認目前在【物體模式】。

02 點擊實體化左邊箭頭，隱藏修改器設定。

03 將實體化右側的【 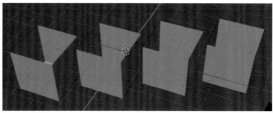 】關閉後，如下圖所示，可以在目前視窗中隱藏實體化修改器。

04 將實體化的【 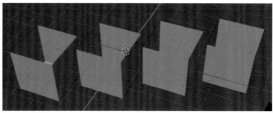 】開啟，【 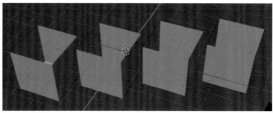 】關閉，表示【物體模式】看的到陣列，【編輯模式】看不見陣列。

05 左圖為【物體模式】，右圖為【編輯模式】。

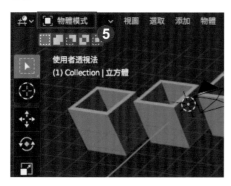
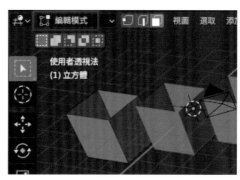

06 將實體化的【】開啟，加厚的邊緣線會出現，表示在編輯模式下，可以編輯加厚模型的點、邊、面。

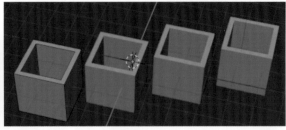

07 將陣列的【】開啟，後面三個陣列物件的邊緣線會出現，表示在編輯模式下，可以編輯陣列模型的點、邊、面。

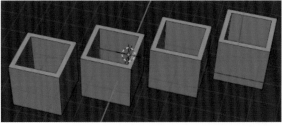

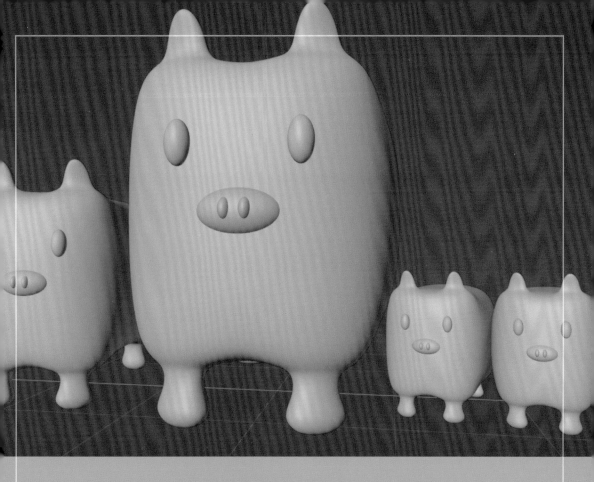

03
CHAPTER

建立簡易 3D 物件

|3-1| 小豬公仔

01 當打開 Blender 時可以發現畫面有一個方塊（Cube），選取方塊。

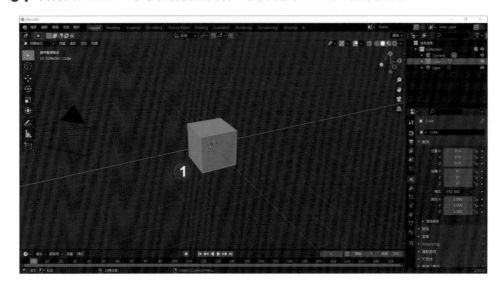

02 點擊鍵盤右側數字鍵「7」切換到上視圖，按快捷鍵「S」縮放方塊，在縮放模式下按「X」可以在 X 軸上做縮放，滑鼠往右移動讓方塊變寬，按滑鼠左鍵確定。

03 將方塊拉寬後點擊「Tab」鍵，進入編輯模式。

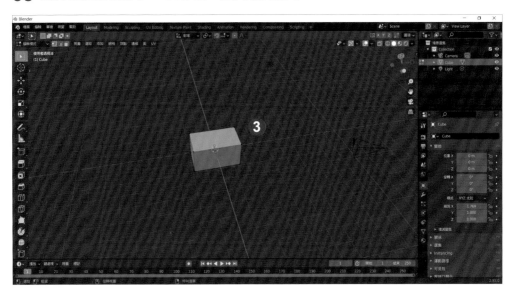

04 快捷鍵「Alt+Z」可以讓模型變透明，再按一次「Alt+Z」可以讓模型取消透明。

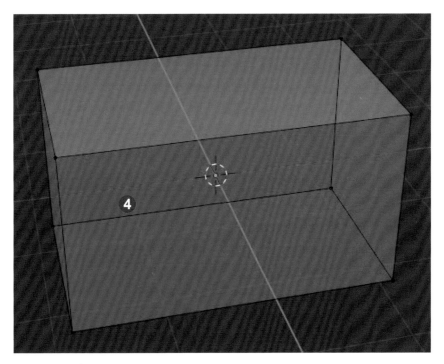

05 進入編輯模式後，可以發現左上角有三個按鈕，分別為點、線、面。確認目前輸入模式為英文後，點擊鍵盤上方數字鍵「1」，可以選取模型的點，點擊鍵盤快捷鍵「2」，可以選取模型的邊，點擊鍵盤快捷鍵「3」，可以選取模型的面。後面步驟會以快捷鍵的方式來切換「點、邊、面」的編輯模式。

06 按下快捷鍵「Ctrl+R」，滑鼠停留在橫線上，可垂直分割兩段，點擊滑鼠左鍵確認切割方向。

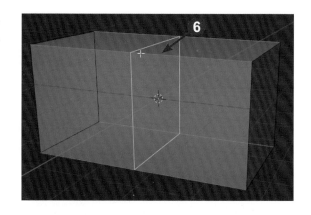

07 接著，線段會變橘色且上面有黑色箭頭，此時可以決定切割位置，點擊滑鼠右鍵將切割位置設為等分。

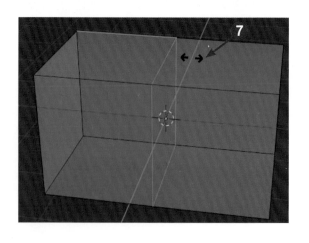

08 按下快捷鍵「Ctrl+R」，滑鼠停留在縱線上，依據上述步驟切割面。

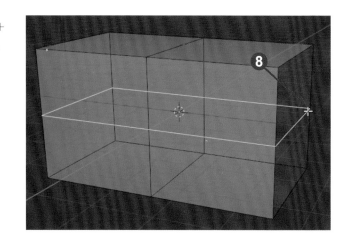

09 依據前面步驟切割左邊橫線，完成如下圖所示。

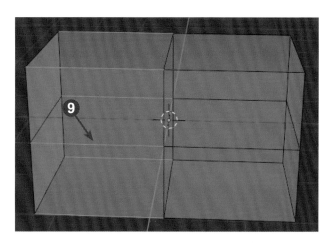

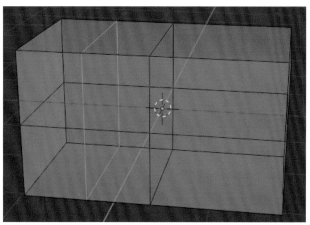

10 點擊鍵盤右側數字「7」切換到上視圖,按下快捷鍵「Ctrl+R」,滑鼠停留在縱線上,依據上述步驟切割一條水平線,完成後如右圖。

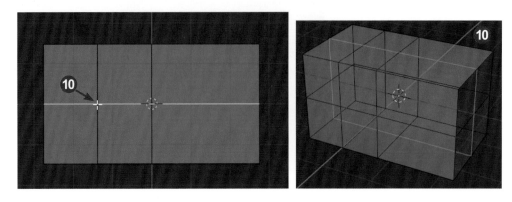

11 點擊鍵盤右側數字「7」切換到上視圖,點擊鍵盤上方數字「1」進入點層級。

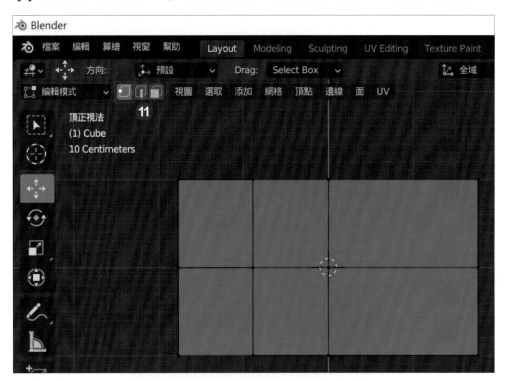

12 框選左上角端點後按「G」移動至適當位置，再框選左下角端點按「G」移動至適當位置，盡量使方塊呈現弧狀，如下圖所示。

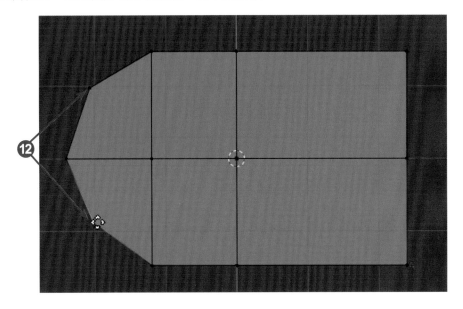

13 框選方塊中間所有點，按快捷鍵「S」，往外稍微放大使方塊更圓弧。

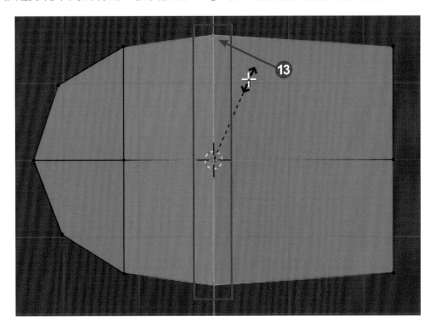

14 點擊數字鍵「1」切換到前視圖，框選如下圖所示的整排點。

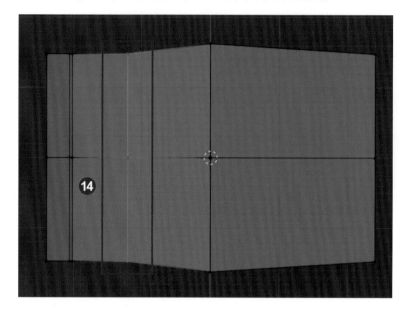

15 按快捷鍵「S」，再按「Z」鎖定方向，稍微往外放大使方塊更圓弧，完成後如下圖。

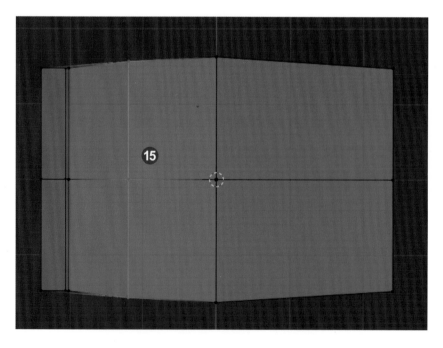

16 點擊數字鍵「7」切換到上視圖,點擊鍵盤快捷鍵「3」進入面層級。

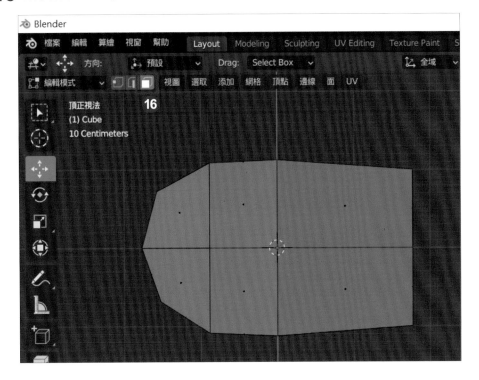

17 框選右半部面。

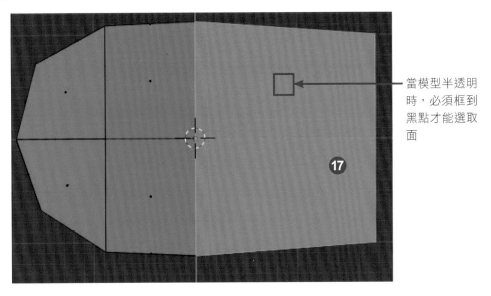

當模型半透明時,必須框到黑點才能選取面

18 點擊鍵盤「Delete」或「X」→【面】即可刪除面。

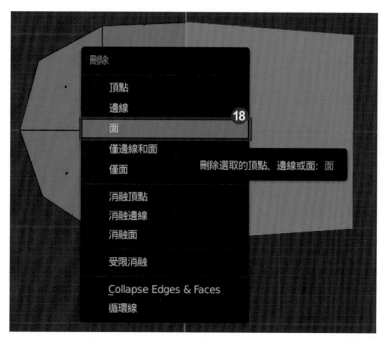

19 刪除完如下圖。

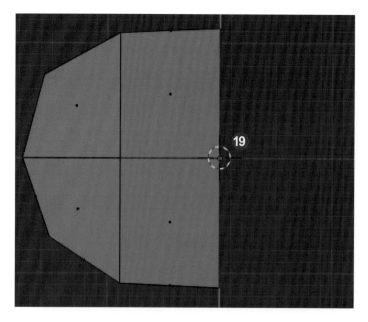

修改器

01 點擊畫面右下角【 🔧 Modifier Properties 】，來添加修改器。

02 點擊下拉式選單→增加【鏡像】修改器。

03 將鏡射軸設為【X】，並勾選【剪輯（Clipping）】。完成後可以發現剛剛未刪除的另一半鏡射過去了。

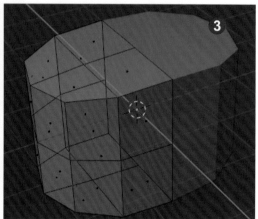

04 點擊下拉式選單→在修改器中加入【細分表面】，可以使模型面數增加，整體會更圓滑。

05 完成如下圖。

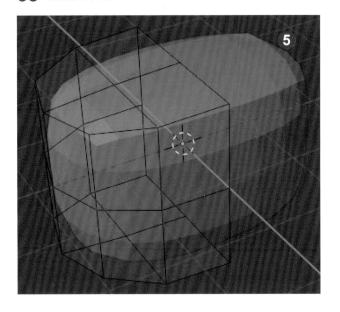

06 在面層級下環轉至模型下方,並選擇下左圖所示的面,點擊快捷鍵「I」插入適當大小的面後左鍵點擊確認插入面大小,如下右圖所示。(可以點擊「Alt+Z」讓模型取消透明,方便檢視)

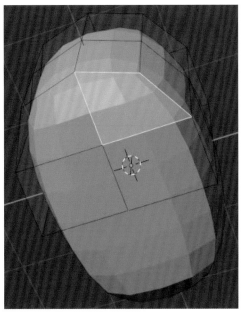
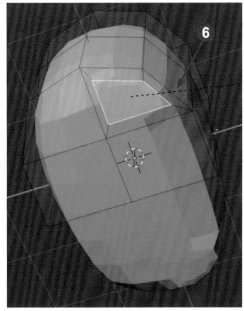

07 按「S」縮放再按下「Y」或「X」，使面往 Y 軸（或 X 軸）單一軸方向縮小至接近方形，完成後如下圖。

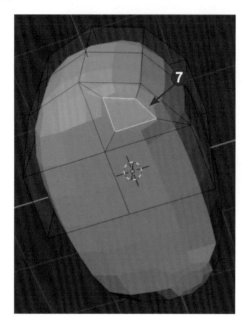

08 點擊鍵盤數字「1」將畫面切換到前視圖，按快捷鍵「E」來擠出面，擠出適當大小後左鍵點擊確認擠出大小。

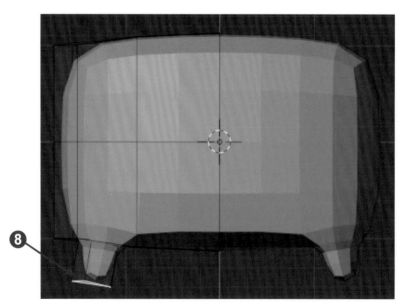

09 按快捷鍵「E」，擠出新的一段。

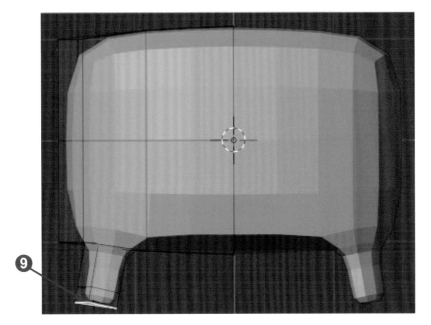

10 此時可以利用縮放工具將面稍微放大一點，讓面看起來更像動物的腳。

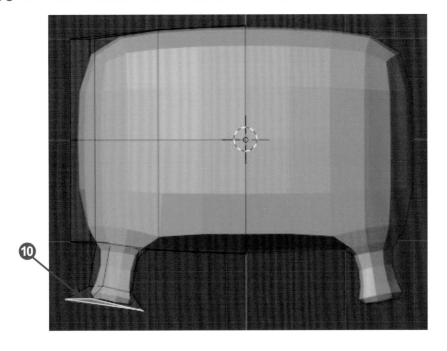

11 按下「E」再擠出新的一段，同樣利用縮放工具將面稍微縮小一點，讓面看起來更像動物的腳。

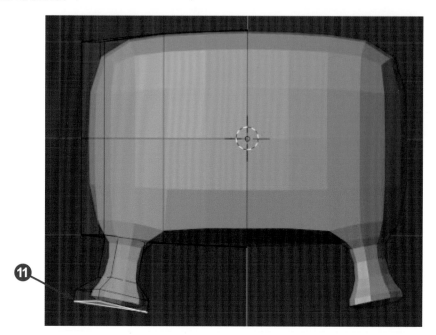

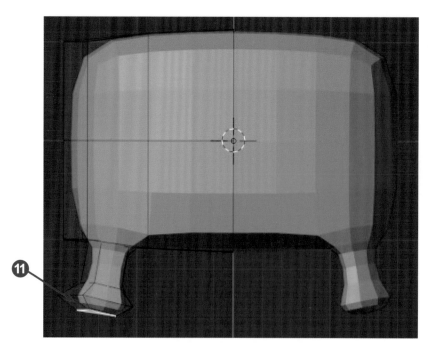

12 調整完後點擊「Tab」鍵，退出編輯模式。點擊右下角【🔧 Modifier Properties】修改器面板→【鏡像】右邊的小箭頭→【套用】，讓模型套用鏡像修改器，使之後對模型的調整都不會影響至另一半。

13 點擊「Tab」鍵，進入編輯模式。按數字「7」切換至上視圖並進入面層級，框選沒有腳的上半部面。（記得點擊「Alt+Z」讓模型變透明，方可選到被遮住的面）

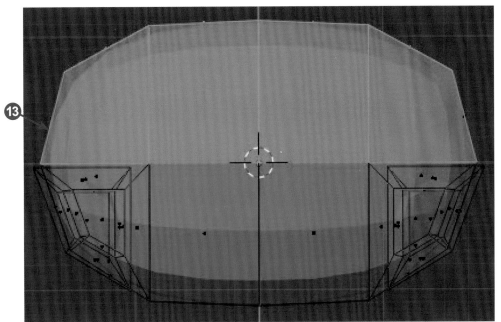

14 刪除上一個步驟選取的面，完成後如下圖。

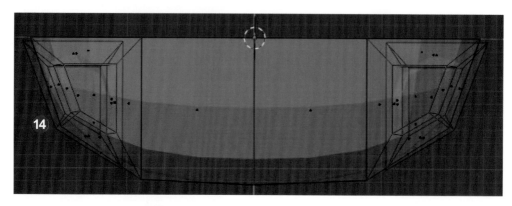

15 點擊畫面右下角【🔧 Modifier Properties】→【添加修改器】→【鏡像】，增加鏡射修改器。鏡射軸只選擇 Y，並勾選【剪輯】。完成後可以發現剛剛未刪除的另一半鏡射過去了，記得要將鏡射修改器順序移至【細分】修改器之上，可利用右邊的點按鈕拖曳修改器。

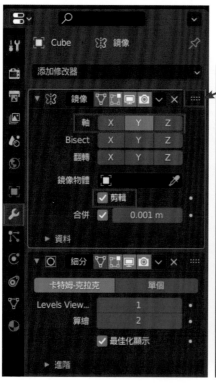

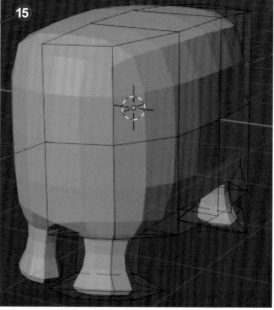

16 在面層級下環轉至模型上方,並選擇下左圖所示的面,點擊快捷鍵「I」插入適當大小的面後左鍵點擊確認插入面大小,如下右圖所示。(可以點擊「Alt+Z」讓模型取消透明,方便檢視)

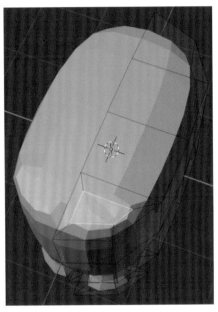 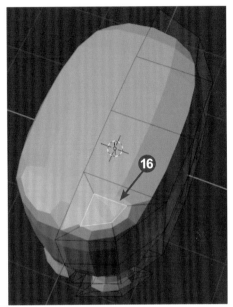

17 按「S」縮放再按下「Y」或「X」,使面往 Y 軸(或 X 軸)單一軸方向縮小至接近方形,完成後如右圖。

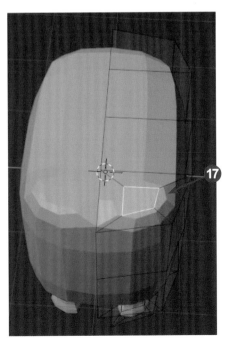

18 按快捷鍵「E」來擠出面，
擠出適當大小後左鍵點擊確認擠
出大小。

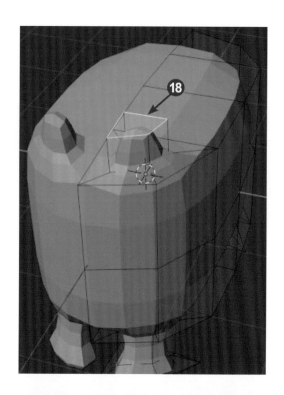

19 再按「E」擠出新的一段，
同樣利用縮放工具將面稍微縮小
一點，讓面看起來更像動物的耳
朵。

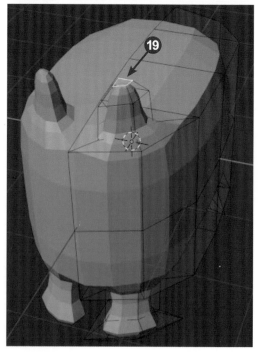

20 選取如右圖所示耳朵前的面。

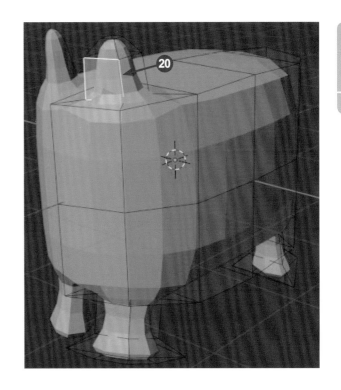

21 利用移動工具將面往後移，製作出耳朵的弧度。

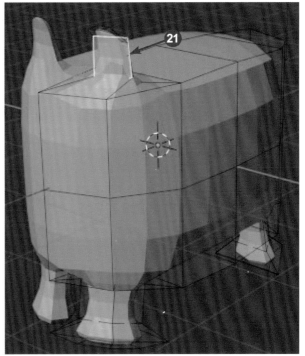

22 完成後點擊「Tab」鍵，退出編輯模式。新增球或其他元件搭配旋轉、移動與縮放工具製作動物的五官。

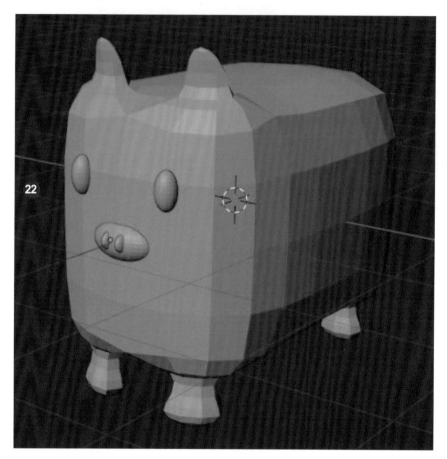

小秘訣

點擊快捷鍵「Shift+A」→【網格】可以新增元件。

| 3-2 | 小房子

01 重開 Blender，選取方塊，按「Tab」進入編輯模式，按「Ctrl+R」選取水平線，切割環形線段。

02 按「2」切換邊模式，選取上方的邊，按「G」和「Z」往上移動，做出斜屋頂。

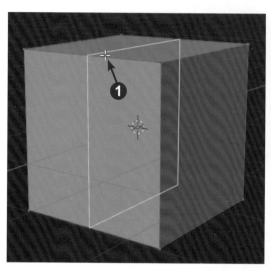
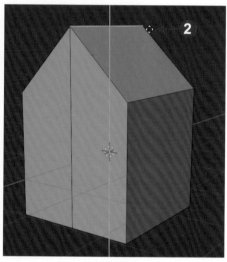

03 按「3」切換面模式，選取屋頂兩側的斜面，按滑鼠右鍵→【Extrude Faces Along Normals】與面垂直的方向擠出。

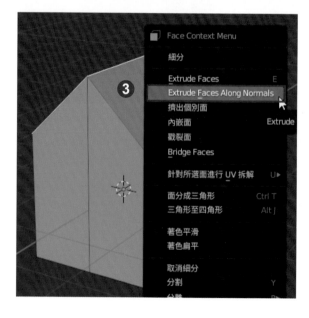

04 滑鼠左鍵確定厚度。

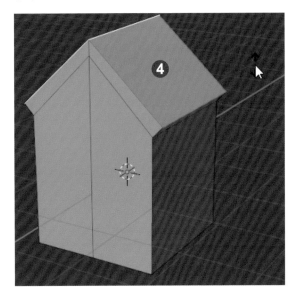

05 選取屋頂下方兩側的面，按滑鼠右鍵→【Extrude Faces Along Normals】再擠出一次。

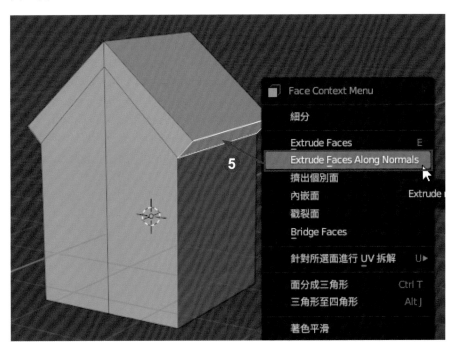

06 點擊左鍵確定厚度。

07 選屋頂前後的面，按滑鼠右鍵→【Extrude Faces Along Normals】再擠出一次。

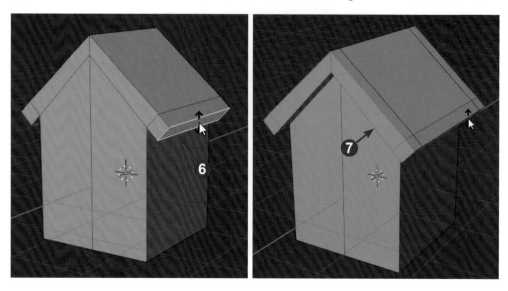

08 按「K」點擊房子邊緣，切割門的形狀，按「Enter」結束。

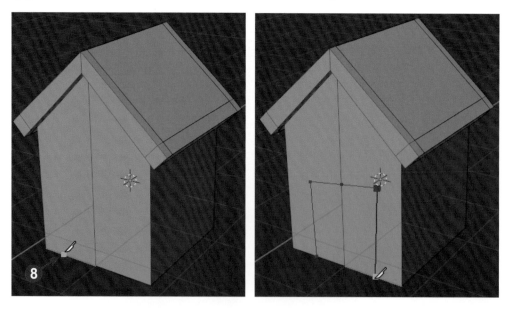

09 選取門的兩個面，按「I」往內增加面。

10 再按「E」往後做出門檻的深度。

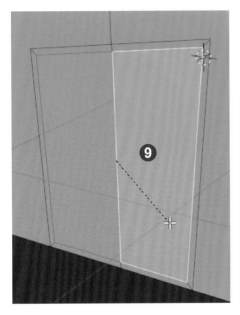 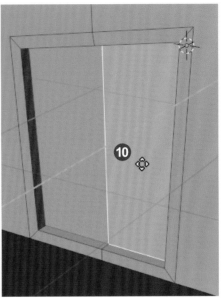

11 選取門框的面，按「E」往前做出門框厚度。

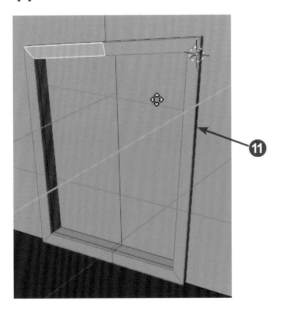

12 按「K」點擊房子側面，切割窗戶形狀，最後將形狀封閉，按滑鼠右鍵可以先切斷目前線段。

13 再切割窗戶十字的線段，按「Enter」結束。

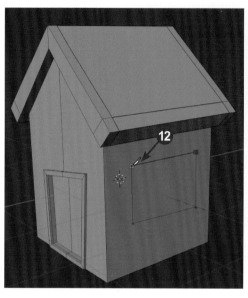
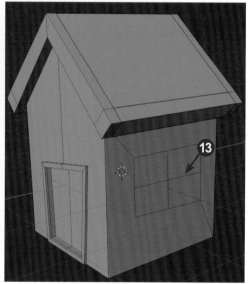

14 選取窗戶的四個面，按「I」兩次，往內個別增加面。

15 按「E」往後做出玻璃。

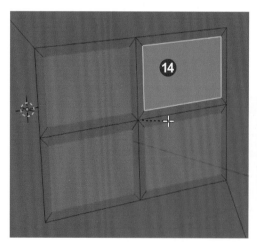
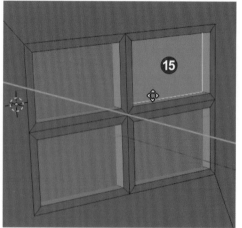

16 選取窗框的面，按「E」往前做出窗框厚度。

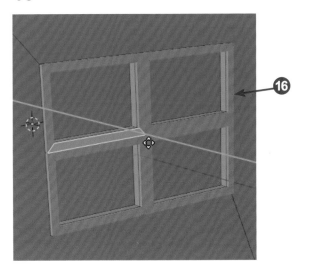

17 點擊左側【添加立方體】，此功能可在任意面上建立方塊，從屋頂前方的面拖曳矩形。

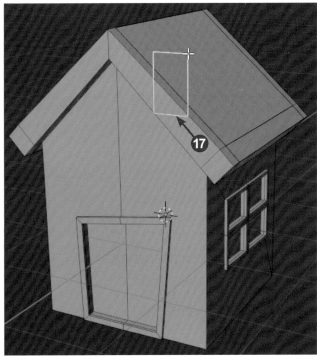

18 點擊滑鼠左鍵決定煙囪深度，點擊左側【框選】，回到選取功能。

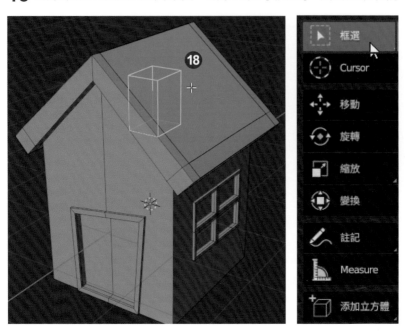

19 滑鼠停留在方塊上，按「L」全選方塊，方塊與屋頂不相連，因此不會選取到小房子。

20 按「G」再按「Y」往後移動。

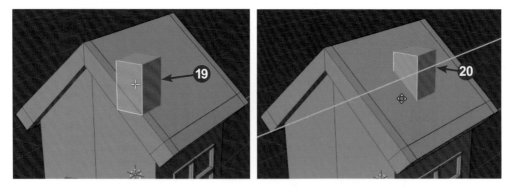

21 選取煙囪頂部，按「E」再按「S」，可以擠出面並放大。

22 再按「E」往上擠出。

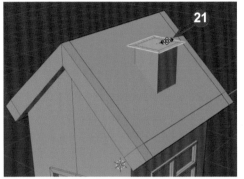

23 按「I」往內新增面，再按「E」往下擠出煙囪的洞口。

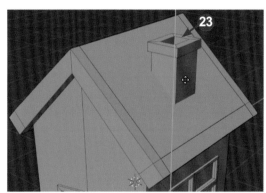

24 選取門的兩個面，按「P」→【選取項】，分離門片。

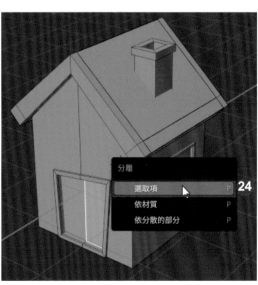

25 按「Tab」離開小房子的編輯，選取分離後的門片，按「Tab」進入門的編輯。選取門的面，按「R」再按「Z」旋轉門。

26 按「E」增加厚度。按「G」再按「Y」將門移動到門口。

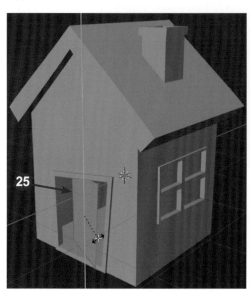
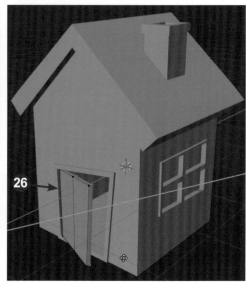

27 按「Tab」離開門的編輯，選取小房子並按「Tab」進入編輯模式。選取屋頂的邊，按「Ctrl＋B」製作倒角。

3-3 AI 輔助生成

本小節會簡易說明如何使用 Chatgpt 製作 Python 語法,並在 Blender 中執行。

01 在網頁中搜尋「Chatgpt」,進入 ChatGPT 網頁。

02 點擊【Sign up】註冊帳號,已有帳號可按【Log in】登入。

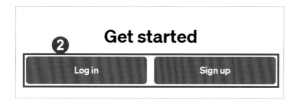

03 輸入提示說明「寫一段 blender 隨機位置生成語法」,盡量不要太複雜,容易出現錯誤,按下「Enter」送出文字。

04 出現 python 後，按下【copy code】複製語法。

05 回到 Blender，按下【Scripting】介面會切換成適合寫語法的排版。

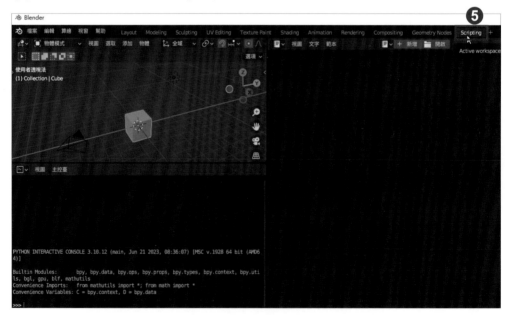

06 按下【新增】，新增文字檔。

07 按「Ctrl+V」貼上之前複製的語法，按下【▶】執行。

```
1  import bpy
2  import random
3
4  # 定義生成物體的數量
5  num_objects = 10
6
7  # 指定物體的範圍
8  x_min = -5
9  x_max = 5
10 y_min = -5
11 y_max = 5
12 z_min = 0
13 z_max = 5
14
15 # 選擇場景中的現有物體，並刪除它們
16 bpy.ops.object.select_all(action='DESELECT')
17 bpy.ops.object.select_by_type(type='MESH')
18 bpy.ops.object.delete()
19
20 # 創建隨機位置的立方體
21 for i in range(num_objects):
22     x = random.uniform(x_min, x_max)
23     y = random.uniform(y_min, y_max)
24     z = random.uniform(z_min, z_max)
25
26     bpy.ops.mesh.primitive_cube_add(size=1, enter_editmode=False, align='WORLD', location=(x, y, z))
27
```

08 若沒有出現錯誤訊息，則會隨機生成方塊，每次執行結果都會不同。

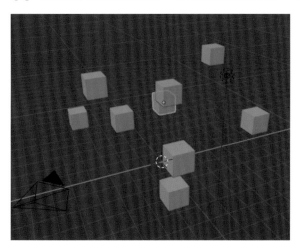

09 在 ChatGPT 可以提示不同物件。

10 重新將語法貼上並執行，完成如下圖。

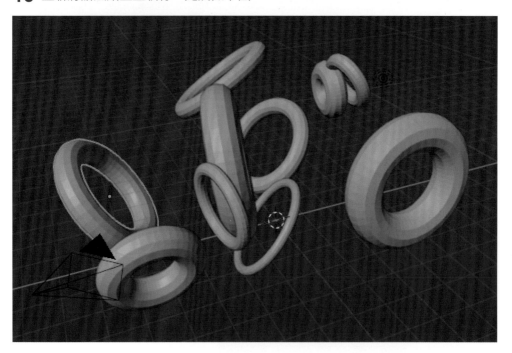

11 在 ChatGPT 可以提示顏色，若不成功，可以按右下角【Regenerate】重新產生不同的結果，或是更換提示說明。

12 重新將語法貼上並執行，以下為不同語法的執行結果。

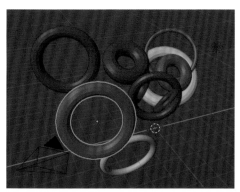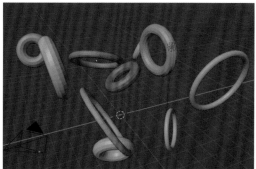

13 按下【Layout】可以切換回原本的介面。

04

Blender 材質
與 UV 設定

|4-1| 使用材質面板新增材質

場景內有預設物件

01 先點選預設的方塊，然後點擊右側【】材質面板。此時可見有一個名稱為「Material」的預設材質，此材質已套用在預設的立方體上。

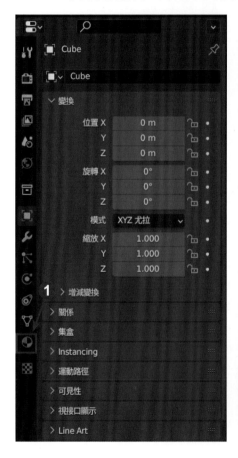

02 若要改變材質顏色，點擊「基礎色彩」右邊的色塊，改成想要的顏色即可。

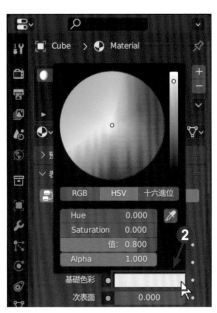

03 場景內物件若看不到改變顏色的變化，有兩種方法可以設定：

第一種是按快捷鍵「Z」→選擇【Material Preview（材質預覽）】。

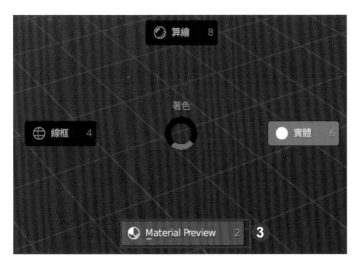

04 第二種是在視窗右上角，選擇如圖所示的圖示即可預覽材質。

場景內無預設物件

. . . .

01 刪除預設的方塊，新建並選取新的方塊，然後點擊右邊【　】材質面板，再點擊【新增】即可創建一個新的材質套用在物件上。

|4-2| 材質重新命名與替換

重新命名

若要對材質重新命名,可以在材質面板上的兩個地方操作:

01 將預設材質名稱刪除後重新命名。

02 左鍵雙擊材質名稱後即可重新命名。

建議各位讀者養成重新命名的習慣(無論是建模物件或材質),避免以後場景物件多了之後,不容易找到要編輯的材質。

材質替換

01 延續方塊的檔案,在材質面板中,點擊【新增材質】,會以目前的材質設定來建立新材質。

02 此時方塊已經換成新材質，新材質會自動命名，可自行改名。

03 變更基礎色彩的顏色。

04 點擊【  】可以看到之前建立的材質，選取【0. 材質】，方塊的材質已經被替換回白色。

物件同時使用多種材質

01 點擊右側加號，新增材質槽，用來放置材質。

02 如下圖所示，已有一個空的材質槽。

03 按下【新增】建立新材質，放置在此材質槽。

04 變更基礎色彩的顏色，選取方塊，按下「Tab」鍵，框選部分範圍。

 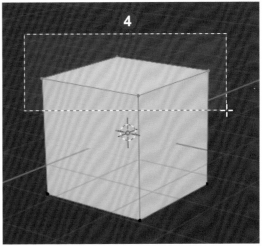

05 點擊【槽2】，按下【指派】，將選取的材質球指定給選取的範圍。

06 完成圖。

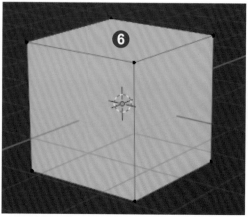

07 按下【取消選取】，選取白色材質，再按下【選取】，可以選取使用白色材質的範圍。

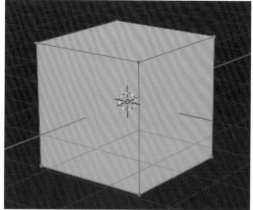

|4-3| 材質貼圖

01 新增一個平面,在材質面板中新增材質,點擊「基礎色彩」右邊黃色圓圈。

02 選擇「影像紋理」。

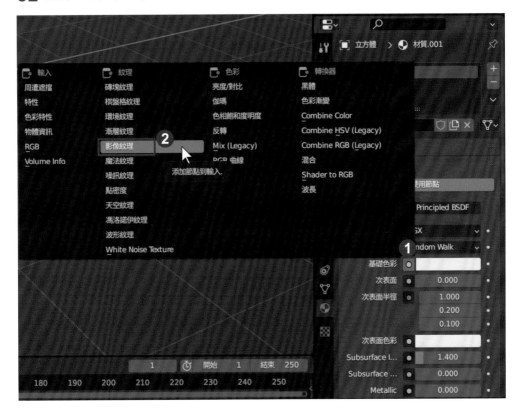

03 點擊【開啟】按鈕,選擇範例檔
〈board01.jpg〉或其他要使用的貼圖影像。

04 選擇完畢後即可在場景內看到結果，點擊【📁】可以更換圖片。

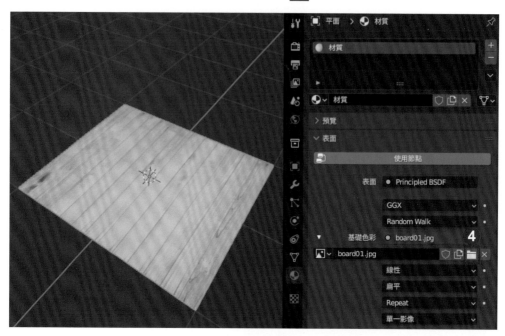

05 選取【基礎色彩】右側的 board01.jpg →選取【移除】，可以移除貼圖，變回設定顏色的狀態。

|4-4| 使用著色器編輯器新增材質

01 重新建立一個新平面,點擊【視窗】→【New Window】,並新增一個視窗。

02 從新增視窗的左上角按鈕設定【著色器編輯器】。

03 在視窗上方正中央點擊【新增】按鈕。

04 材質新增後如圖所示，著色器編輯器可以製作較複雜的材質設定，多種顏色的區塊稱為「節點」，利用節點與節點的連接產生不同材質效果。上面紅框處可將材質重新命名。

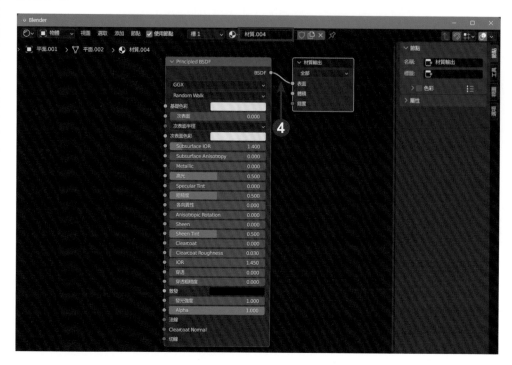

05【添加】→【紋理】→【影像紋理】，或者使用快捷鍵「Shift+A」→【紋理】→【影像紋理】。

06 將新增的「影像紋理」節點置放於「Principled BSDF」節點左側。

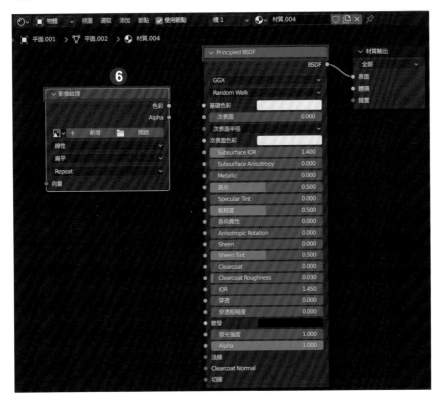

07 從【影像紋理】節點的【色彩】圓點，拖曳到【Pricipled BSDF】節點的【基礎色彩】圓點，使材質使用此圖片。

08 在【影像紋理】節點內點擊【開啟】按鈕，選擇欲使用的材質影像即可完成。

09 點擊【開啟】按鈕，可以替換圖片。（4-3 小節與 4-4 小節結果是相同的，只是 4-3 小節在右側材質面板設定，4-4 小節在著色器編輯器中設定）

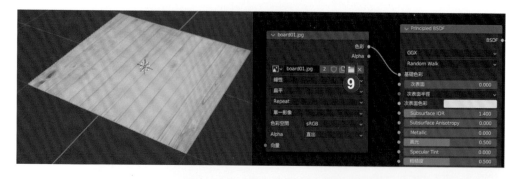

10 左側的圓點可以拖曳給多個圓點使用。

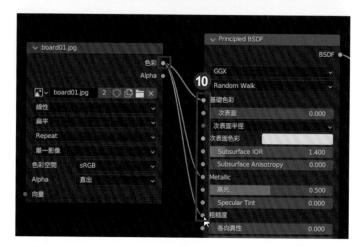

11 將連結的線段拖離圓點，就可以取消連結。

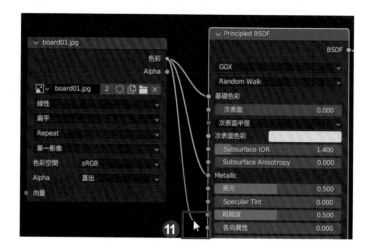

材質參數

01 刪除平面，按下「Shift
+A」→【網格】→【猴頭】，
新增一個猴頭。

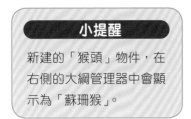

小提醒

新建的「猴頭」物件，在
右側的大綱管理器中會顯
示為「蘇珊猴」。

02 選取猴頭，按下快捷鍵
「Ctrl+3」可以加入【細分表
面】修改器並設定細分等級
為 3。

03 按下「Z」→【Material
Preview（材質預覽）】。

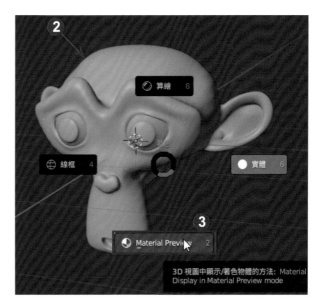

04 在著色器編輯器視窗中，點擊【新增】，增加材質。

05【Matallic】可以調整金屬化,數值 1,猴頭的反射較強。

06 若【粗糙度】為 1,則金屬的感覺消失,表面顯得粗糙。

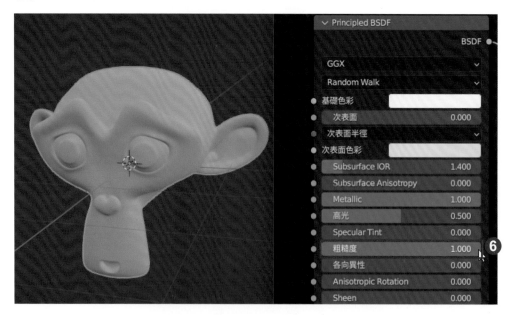

07 若【粗糙度】為 0，則表面變得光滑，反射效果更強。

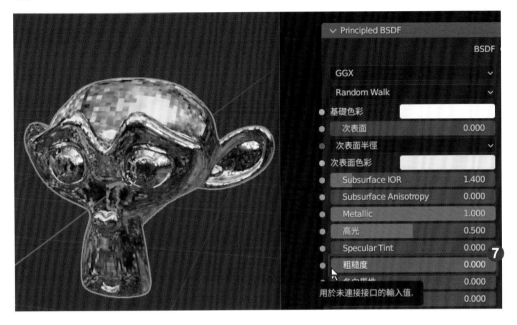

08【散發】可以設定發光顏色，增加 value 的數值再調顏色。【發光強度】數值增加，亮度越高。

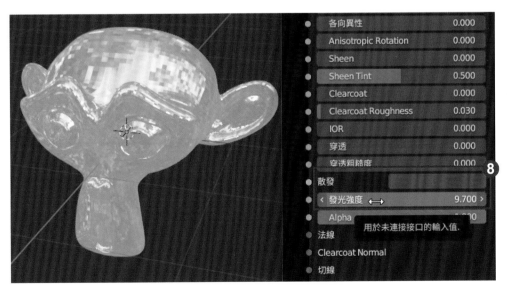

材質替換

· · · · · · · · · ·

01 延續猴頭的檔案，在著色器編輯器視窗中，點擊【新增材質】，會以目前的材質設定來建立新材質。

02 此時猴頭已經換成新材質，新材質會自動命名，可自行改名。

03 變更散發顏色為紅色。

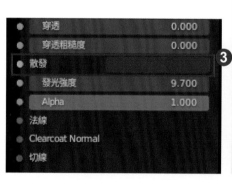

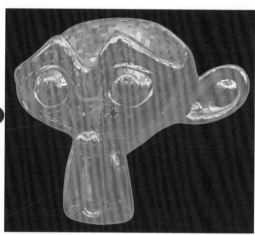

04 點擊【  】可以看到之前建立的材質，選取【0. 材質】，猴頭的材質已經被替換回藍色。

物件同時使用多種材質

01 點擊【槽 1】，按下加號，新增材質槽，用來放置材質。

02 如下圖所示，已有一個空的材質槽。

03 按下【新增】建立新材質，放置在材質槽 2。

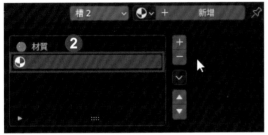

04 變更基礎色彩的顏色，選取猴頭，按下「Tab」鍵，框選部分範圍。

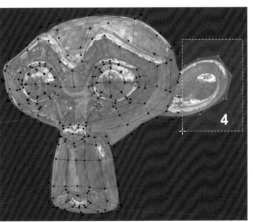

05 點擊【槽2】，按下【指派】，將材質球指定給選取的範圍。

06 完成圖。

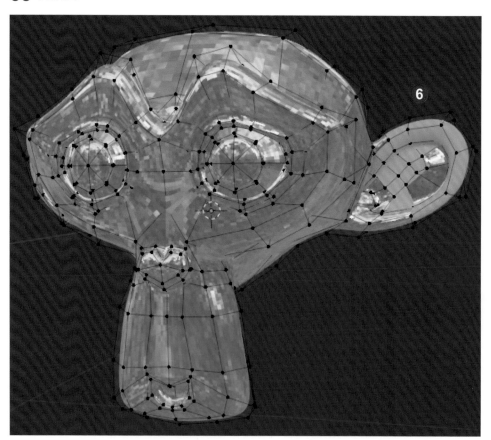

|4-5| 包裝盒

01 重新開啟 Blender 後，利用縮放工具將預設方塊變為長方體。

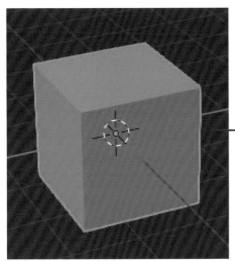
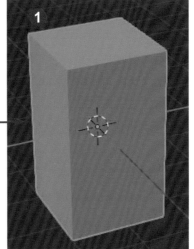

02 點擊畫面右下角【  Material Properties 】來添加材質。

03 進來材質面板後可以看到裡頭已經有一顆預設材質球。點擊右側加號新增材質槽，按下【新增】可以新增一顆材質球。

04 新增材質球後，點擊【基礎色彩】右側的黃點。

05 選擇【影像紋理】，將材質顯示方式設定為圖片。

06 點擊→【開啟】選擇範例檔〈Milktca.png〉做為材質貼圖。

07 點擊「Tab」鍵編輯模型，點擊鍵盤快捷鍵 1，選取模型所有的點，在材質面板點擊【指派】套用材質圖片，並按下「Z」→【算繪】模式。

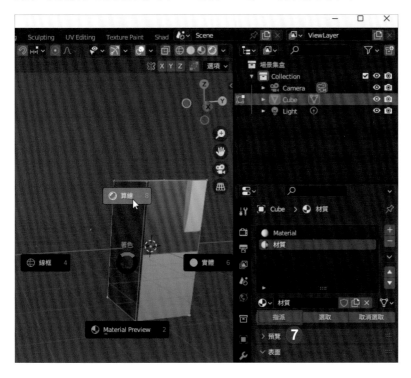

快捷鍵「Alt+Z」可以讓模型變透明，方便選取被遮蓋住的點。

08 點擊視窗上方【UV Editing】，進入 UV 貼圖編輯模式。左側變成 UV 編輯器視窗，可以指定貼圖貼到模型上的位置與大小，右側保持 3D 模型視窗。

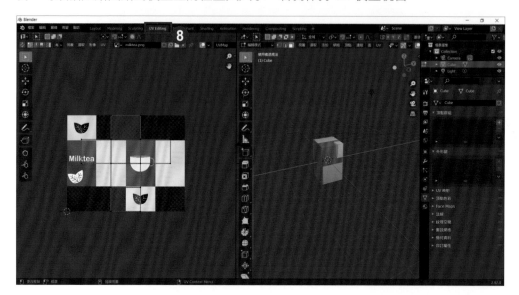

09 選取右邊視窗長方體的面，可以發現左邊視窗出現方形的框。

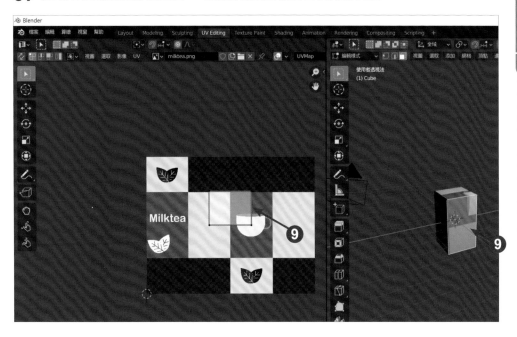

10 可以發現視窗左上角也有點、線、面三個層級。

11 我們進入面層級後點一下方框，並利用移動工具將方框移至貼圖杯子地方。

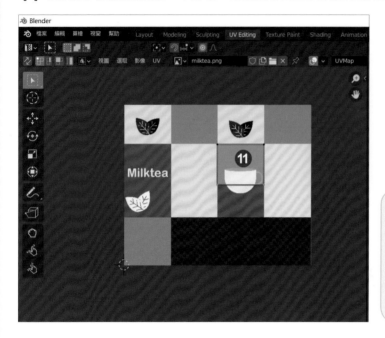

> **小秘訣**
>
> 在左側的 UV 編輯器視窗中，左右方向為 X，上下方向為 Y。

12 進入點層級，框選下方兩個點，按「G」再按「Y」往下移動，將方框的點移動至貼圖適當位置，如左圖。方框的面代表範圍為右側模型的某一面，我們可以發現右邊的模型貼圖角度不正確，代表我們在左邊視窗的方框，方向是錯誤的。

13 選取整個方框後,按「R」旋轉貼圖並輸入 90,可以發現右邊模型貼圖杯子是正的(若方向顛倒,叮改為 -90 度)。

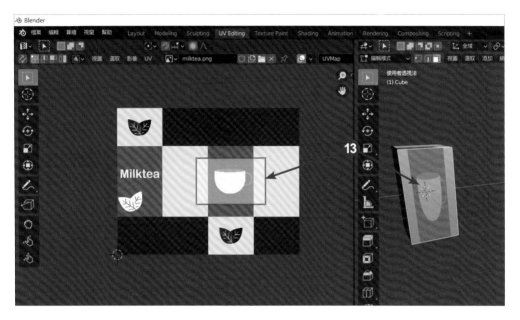

14 根據前述步驟,進入點層級,利用移動點的方式將點移動至適當位置。

15 在右邊視窗，選取包裝盒上方的面，利用同樣方式，調整左邊視窗方框位置，將貼圖貼在適當位置。

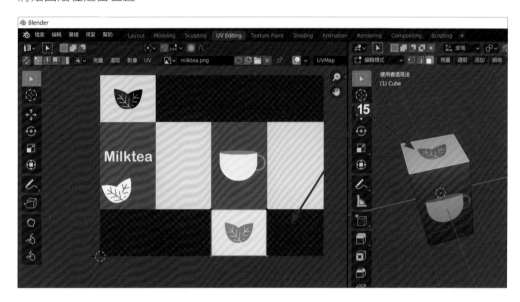

16 包裝盒的其他四個面也利用同樣方式將貼圖貼上，即可完成基本拆 UV。

小秘訣

若貼圖方向顛倒，選取方框後，按滑鼠右鍵，選擇 Mirror X 左右翻轉，選 Mirror Y 上下翻轉。

|4-6| 外帶杯

01 開啟範例檔〈外帶杯 .blend〉，可以發現畫面有一個外帶杯的模型。請讀者先將杯蓋隱藏起來，點擊畫面右上角杯蓋圖層的眼睛即可隱藏。

小秘訣

選取物件按下「H」就可以隱藏，按「Alt+H」則取消隱藏全部。

02 選取杯身，點擊視窗上方【UV Editing】，進入 UV 貼圖編輯模式，同時會進入杯子的編輯模式。

03 在右邊視窗中將畫面環轉至杯子上緣，進入線層級模式，選取如下所示的整圈線，按住「Alt」選取一條橫邊，即可選到整圈。

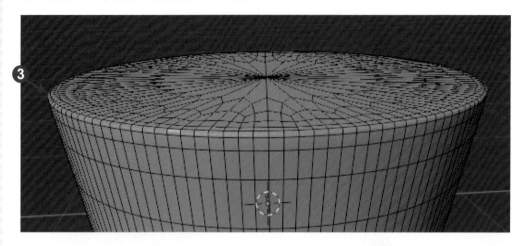

04 成功選取後點擊【UV】→【標記縫線】，即可將上一個步驟選取的線標記起來。

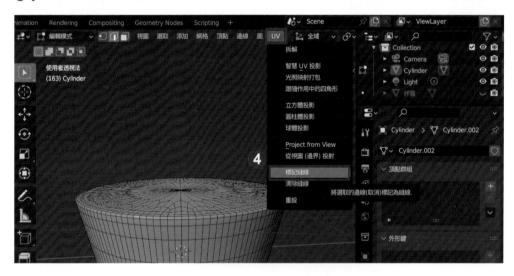

05 畫面環轉至杯子下面，依據上述步驟，同樣選取整圈線並標記。

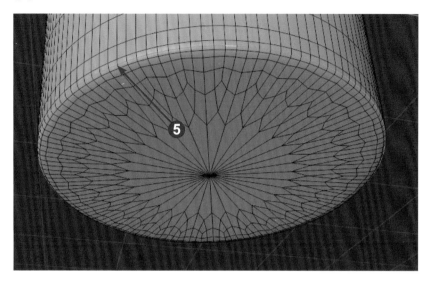

06 點擊右上角負 X 將畫面切換至負 X 軸。畫面切換完成後，框選中間整排線。

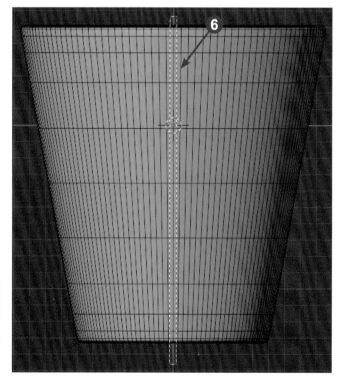

07 框選完成後如下。框選時請關起透明模式，請讀者務必注意不要選到杯子另一側的線段。

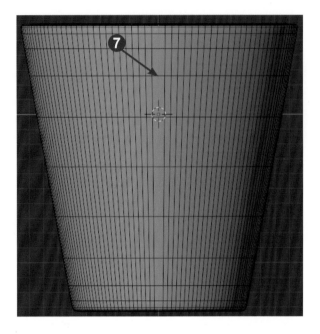

08 成功選取後點擊【UV】→【標記縫線】，即可將上一個步驟選取的線標記起來。

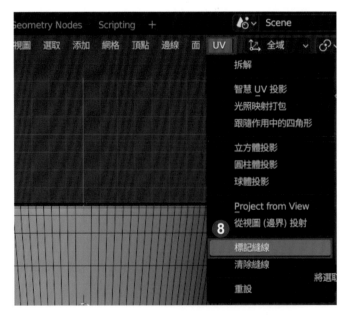

09 將畫面切換至 X 軸，點擊右上角 X，即可切換。

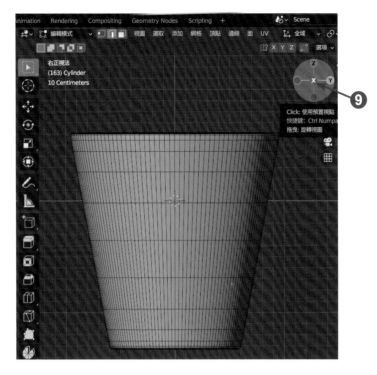

10 接下來要選取的部位是要放置貼圖的地方。選取時可先點擊最左邊的線，按住「Ctrl」再點擊最右邊的線，即可選取到兩條線之間的所有線。

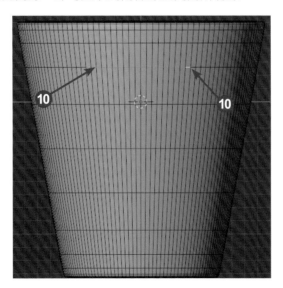

11 依序選取右側、下方、左側三條線段，被選到的範圍會像一個梯形，也是我們要貼貼圖的地方。

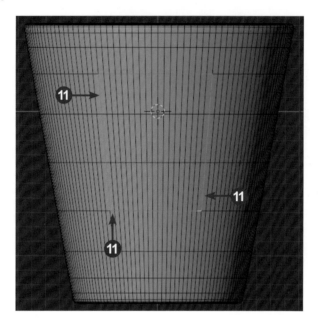

12 成功選取後點擊【UV】→【標記縫線】，即可將上一個步驟選取的線標記起來。

13 標記完成後，按下「A」選取杯子所有的面，點擊【UV】→【拆解】即可拆解杯子的 UV。

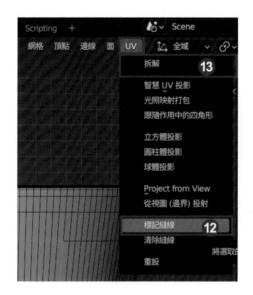

14 拆解完成如下圖。

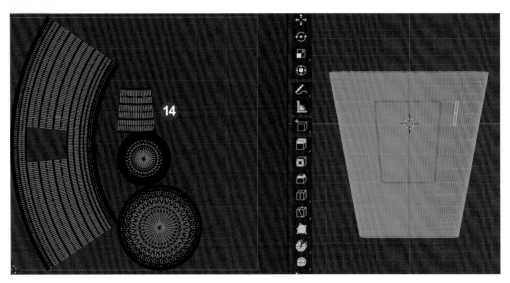

15 畫面來到左邊視窗，點擊左上角【UV Select mode】可以直接選取到整塊 UV。
我們首先選取杯身與杯上、杯底的 UV。

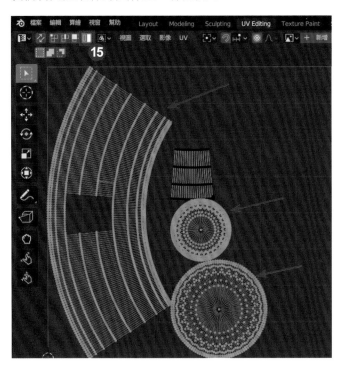

16 利用縮放工具縮小，再移動至畫面右下角。

17 在左邊視窗上方點擊【影像】→【開啟】選取範例檔圖片〈葉子.png〉作為貼圖。

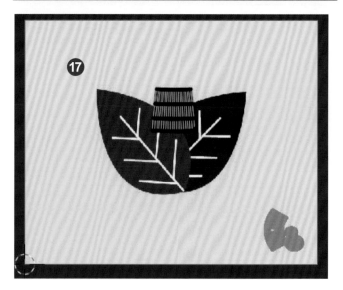

18 將要放置貼圖的 UV 放大並放置適當位置。若貼圖為反的,旋轉 UV 即可。

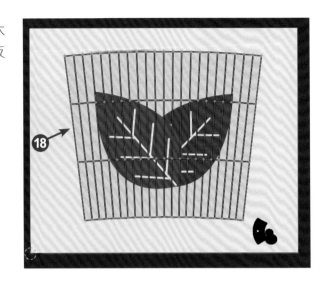

19 點擊畫面右下角【 ⬤ 】,來添加材質。按右側加號→按【新增】可以增加一顆材質球。

20 新增材質球後，點擊【基礎色彩】右側的黃點。

21 選擇【影像紋理】，將材質顯示方式設定為圖片。

22 點擊→【開啟】選擇範例檔〈葉子.png〉做為材質貼圖。

23 記得按下「Z」→【算繪】模式，才可以看到貼好的材質。

24 按「Tab」離開編輯模式，點擊畫面右上角杯蓋圖層的眼睛取消隱藏。

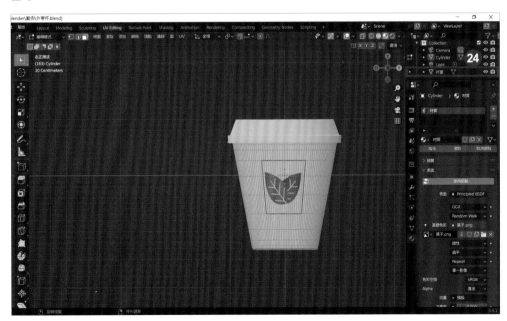

25 選取杯蓋，點擊畫面右下角【  】來添加材質。按右側加號→按【新增】可以增加一顆材質球。調整【基礎色彩】欄位的顏色就可以為杯蓋上色。完成如下右圖。

合併與分割視窗

01 在兩個視窗中間的分隔線，點擊滑鼠右鍵→【Join Areas】。

02 點擊不需要使用到的視窗（左邊視窗）。

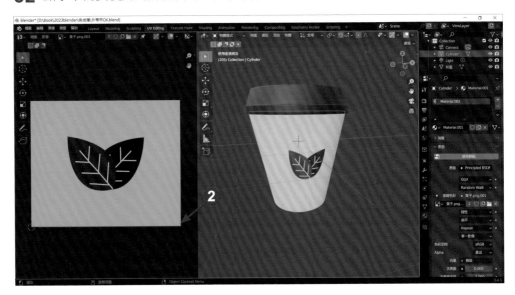

03 完成合併視窗。

04 拖曳視窗右上角的圓角,如左圖。滑鼠往左拖曳,可以分割視窗。

小秘訣

除了合併視窗,也可以點擊上方的【Layout】,回到原本的介面配置。

| 4-7 | 骰子

01 重開 Blender 並選取預設方塊，點擊畫面右下角【 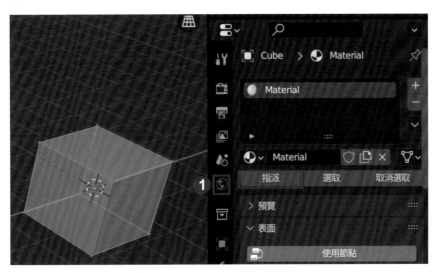】，為方塊添加材質。記得先點擊「Tab」鍵進入模型，按快捷鍵「A」全選，在材質面板點擊【指派】套用材質。

02 點擊視窗左上角【物體模式】→變更為【紋理繪製】。

03 或按快捷鍵「Ctrl＋Tab」→【紋理繪製】。

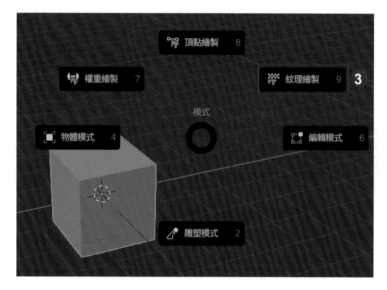

04 點擊【基礎色彩】右側的黃點，選擇【影像紋理】。

05 將下方【時間軸】視窗拉大。

06 將視窗改為【著色編輯器】。

07 切換完成後可以看到視窗出現節點，節點為 Blender 設定材質重要的元素。可以看見步驟 4 新增的【影像紋理】節點，且【影像紋理】的色彩黃點與【BSDF】的基礎色彩黃點相連。

08 在【影像紋理】點擊【新增】。

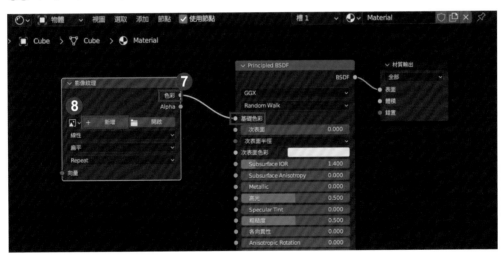

09 命名為 Cube，讀者可以任意命名，命名完成後點擊確定。

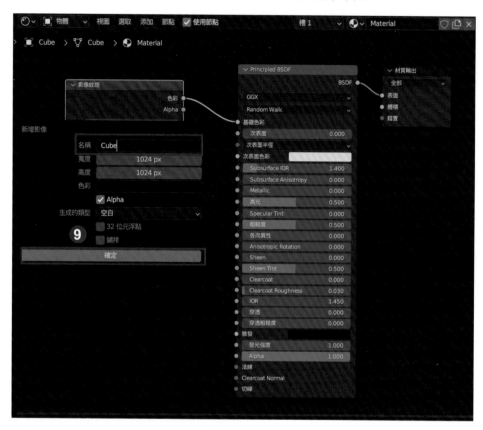

10 就可以在模型上利用筆刷彩繪了。

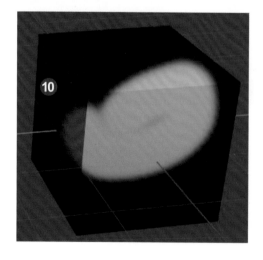

小秘訣

在右側視窗中點擊【作用中工具和工作空間設定】可以針對筆刷做設定。也可以按快捷鍵「F」調整筆刷半徑,「Shift+F」調整筆刷力量。

11 接下來要在 UV 貼圖彩繪,我們在下方另外拉出新視窗,並將視窗設為【影像編輯器】。

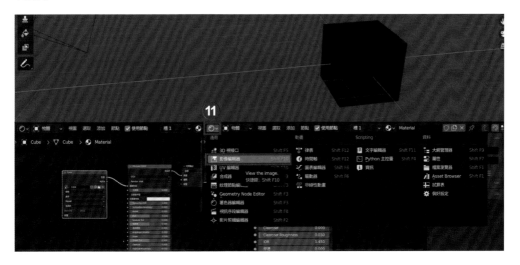

12 進入【影像編輯器】視窗後,點擊【視圖】下拉式選單→【繪製】,並按下
【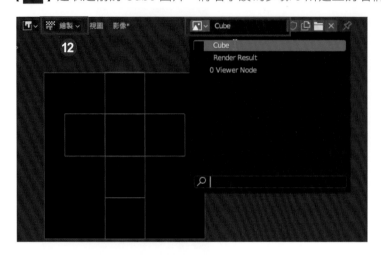】選取之前的 Cube 圖片,將名字設為步驟 9 所建立的名稱。

13 就可以直接在貼圖上作畫了。

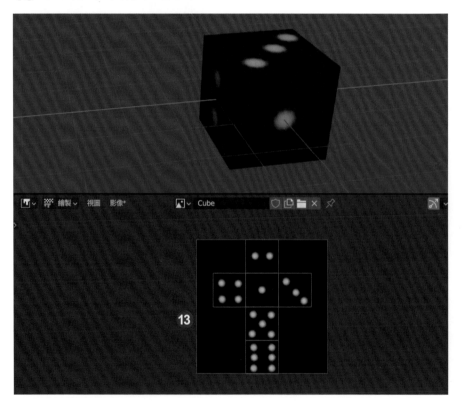

14 假設今天模型有所變動，UV 並不會自行改變。

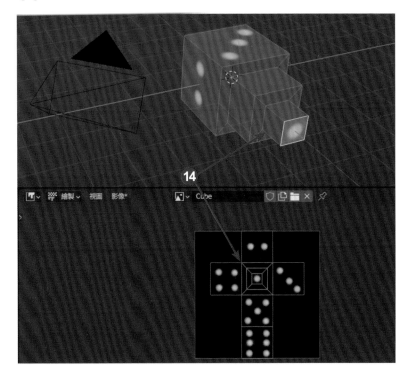

15 先點擊視窗左上角【紋理繪製】→切換回【編輯模式】，按「A」選取模型所有面。

16 再點擊視窗上方【UV】→【智慧 UV 投影】。

17 可自動拆解 UV 圖，如左圖。

18 在【影像編輯器】視窗→【新增影像】來新增圖片。

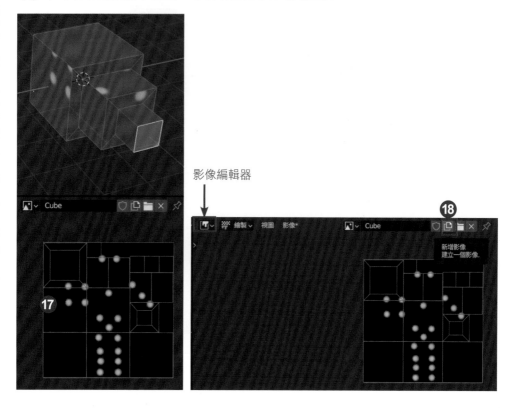

影像編輯器

19 將圖片任意命名並修改顏色，先調高 Value 數值，再調整任意色彩改變背景色，設定完畢點擊確定。

20 在【著色器編輯器】視窗，點擊【 ▣⌄ 】選取上一個步驟新增的圖片。

著色器編輯器

21 即可完成在貼圖上作畫（3D 模型視窗要按「Z」切換為算繪模式）。

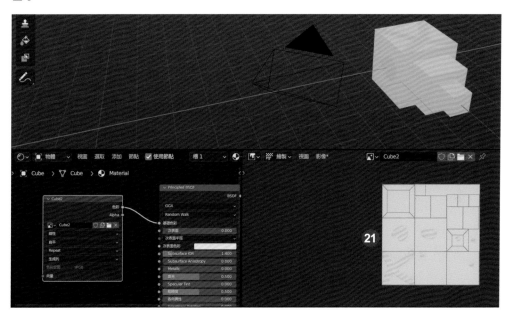

| 4-8 | 小豬

01 開啟範例檔〈Pig.
blender〉，或開啟第三
章製作的小豬模型。

02 選取小豬後，點擊畫面右下角【 🔧
Modifier Properties】修改器面板→【鏡
像】右邊的小箭頭→【套用】，讓模型套
用鏡像修改器，使用同方法讓模型套用
【細分表面】修改器。

03 選取小豬與眼睛鼻子，點擊快捷鍵「Ctrl+J」合併模型。

04 點擊畫面右下角【⚫】，為模型添加材質。記得先點擊「Tab」鍵進入模型，點擊鍵盤快捷鍵 3，按「A」選取模型所有的面，在材質面板點擊【指派】套用材質。

05 點擊【基礎色彩】右側的黃點，選擇【影像紋理】。

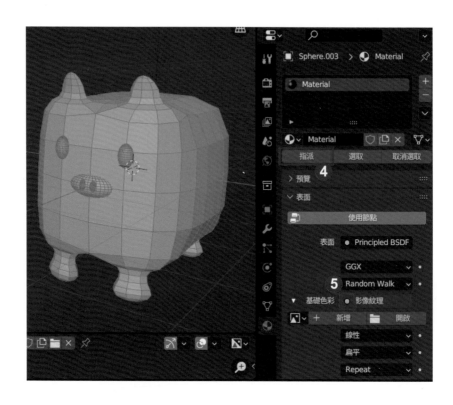

06 點擊視窗左上角【編輯模式】→【紋理繪製】。

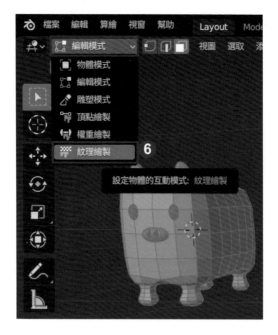

07 將下方【時間軸】視窗拉大。

08 將視窗改為【著色器編輯器】。切換完成後在【影像紋理】點擊【新增】。

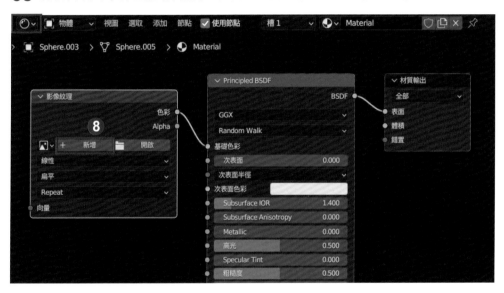

09 將圖片任意命名，這邊先將背景色設為與小豬皮膚相近的淺橘色。完成後點擊確定。

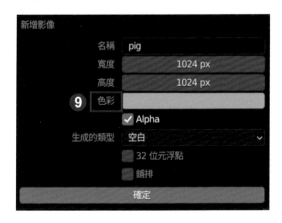

10 與上一小節相同方式，在下方另外拉出新視窗，並將視窗設為【影像編輯器】。點擊【視圖】下拉式選單→【繪製】，點擊 選取上一個步驟新增的圖片名稱。

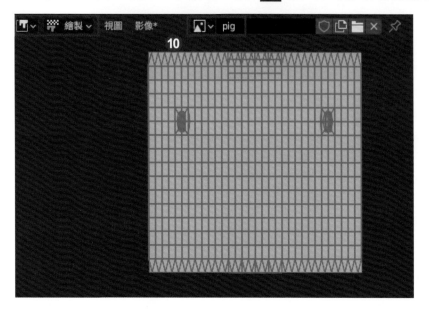

11 目前 UV 圖不容易繪製貼圖。先點擊視窗左上角【紋理繪製】→切換回【編輯模式】，選取模型所有面。再點擊視窗上方【UV】→【智慧 UV 投影】。

12 會出現此視窗,點擊【確定】即可。

13 最後再點擊視窗左上角【編輯模式】→回到【紋理繪製】模式,在右側視窗中點擊【 ⚙ 】依據喜好調整筆刷大小與顏色,即可在 UV 圖或 3D 模型上彩繪。

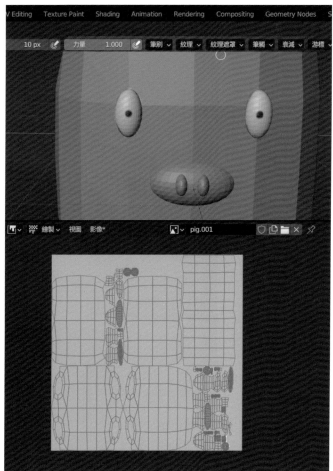

擦除
. . . . . .

由於目前 blender 在彩繪時沒有擦除工具，所以畫錯時會稍微麻煩一些，下列將講解
在畫錯時該如何解決。

01 當我們畫錯時，我們可以在【影像編輯器】視窗中吸取底圖的顏色，使畫筆變
為底圖顏色後，在錯誤的地方再刷一次即可擦除。

如下圖，不小心多畫到黑點，我們在【影像編輯器】視窗貼圖上點擊「S」吸取小豬
的皮膚色。

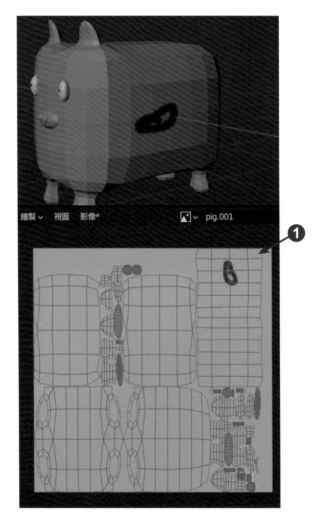

02 可以看到吸取完畢後，左上角筆刷顏色為上一個步驟所吸取的顏色。

03 吸取完成後再模型畫錯的地方重新刷一次，即可擦除。

同理，今天若是眼睛的部分畫錯，我們一樣吸取貼圖中眼睛的底色，重新在眼睛上刷一次，即可覆蓋錯誤的筆劃。

小秘訣

建議吸取顏色時，在【影像編輯器】視窗中吸取貼圖顏色，較不易受到燈光與陰影干擾，而吸到錯誤顏色。

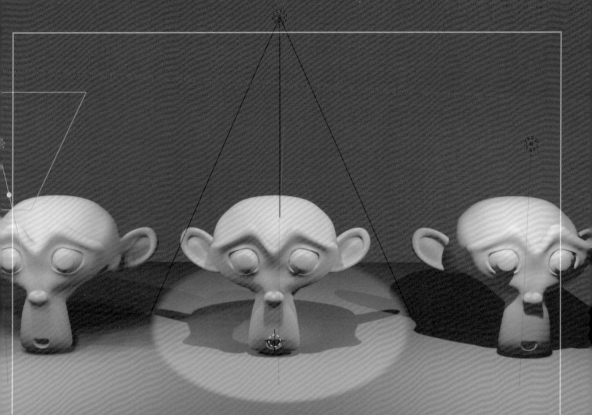

05

CHAPTER

相機、燈光
與渲染設定

|5-1| 相機建立與簡易渲染

以下使用一個簡單的場景，來練習相機的架設。

01 開啟檔案〈鏡頭測試 .blend〉，場景內有個長方體空間，接下來要把相機放置在長方體內。

02 按下「Shift+Z」切換 X 射線，按鍵盤右側數字「1」切換到前視圖，再按「Shift+A」→【攝影機】，在場景內加入一台相機。

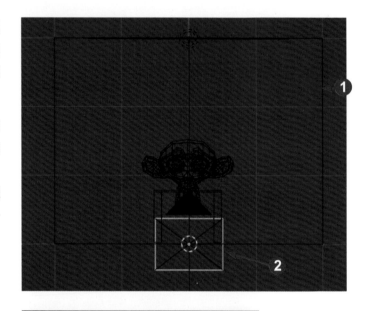

03 在右邊側邊欄點擊【Object Properties】，設定位置 XYZ 分別為 0、-2.8、1。

04 上視圖與右視圖的相機位置如圖所示。

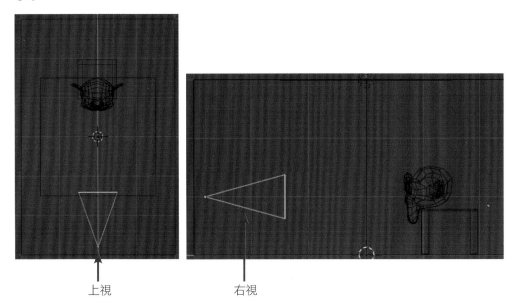

上視　　　　　　右視

05 按鍵盤右邊數字鍵「0」或者工作區右上角座標軸下方的攝影機圖示，進入相機視野，再按一次「0」或環轉視角可離開。

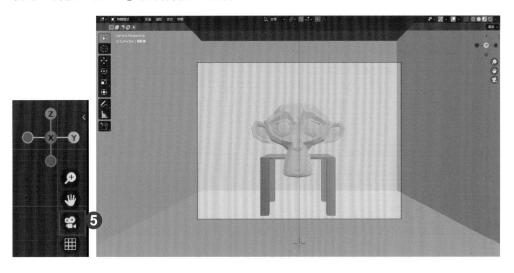

06 若想獲得更大的視野，選取相機後，在右側相機面板，將【焦長】改為 24。

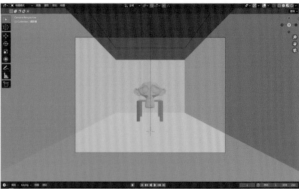

07 若想獲得猴頭的特寫，可以將焦長改為 100。

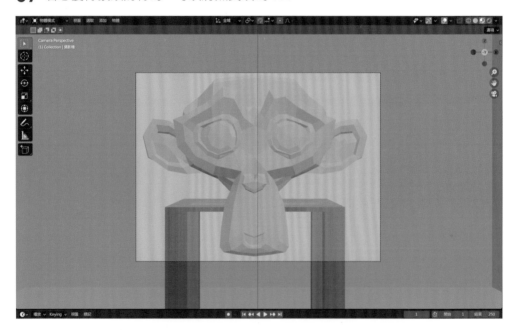

08 計算模型的材質、照明、陰影等，生成圖像，稱為算繪，也可以稱作彩現、渲染、Render，有多種說法。

09 按下「Z」，選擇【算繪】，可以直接在工作區中即時顯示彩現結果。

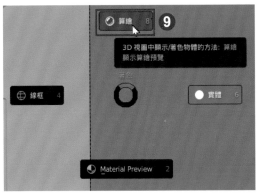

10 也可按下鍵盤的「F12」彩現。

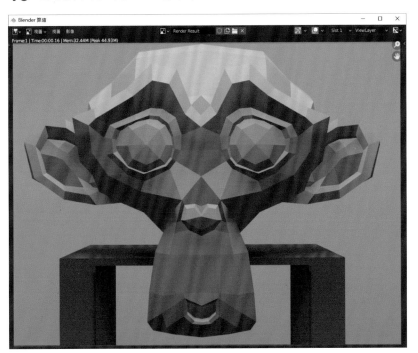

11 點擊上方的【影像】→【儲存】，儲存彩現圖片。

使用景深

01 若是想凸顯主題物件，在相機的面板中勾選【景深】，並將【Focus Distance】設定為3m。

02 此時除了猴頭的臉部以外，背景的桌子已經出現模糊。

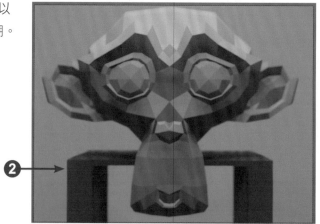

使用剪輯平面

有時候場景室內空間太小或者場景空間物體過多,導致相機位置不容易置放,此時可利用剪輯平面方便相機擺放。

01 首先選取相機,將位置 Y 設定在 -20 m,將相機移動到長方體外面,此時從相機視野會看到如右圖所示。

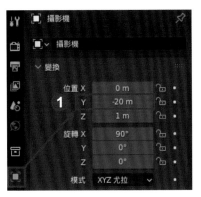
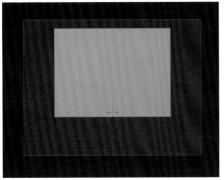

02 將【剪輯開始】設定為 18m,相機前方 18m 距離被裁剪掉。此時可看見猴頭和桌子,也可見被切割的牆壁,因此使用本功能時需注意畫面中是否有物件被切割。

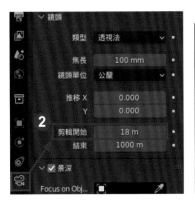
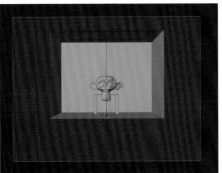

小秘訣

設定相機時常需要在工作視野與相機視野來回切換,以下提供一個小方法可即時看到相機視野而不用來回切換,降低工作效率。(本方法適用工作區視窗沒有切割的讀者)

01 點擊【視窗】→【New Window（新視窗）】。

02 新視窗左上角「編輯器類型」的按鈕預設為「3D 視接口」，若不是，請修正。

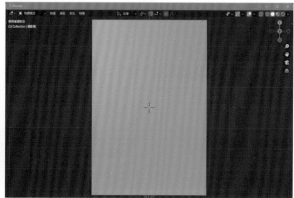

03 在新視窗按下鍵盤數字「0」進入相機視角。將視窗縮小置放於不妨礙工作的位置，該視窗可即時看到相機位置改變後所顯示的畫面。

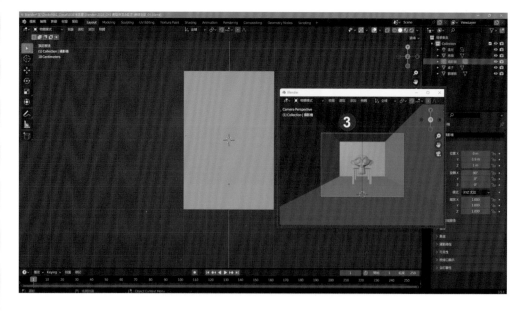

5-2 燈光

燈光建立

01 開啟範例檔〈燈光.blend〉，按下「Shift+A」→【光照】→【點光】。點光源是一個全向的光點，會向所有方向發射光源。通常用於設定蠟燭或燈泡。

02 將燈光移動到猴子的右上方。

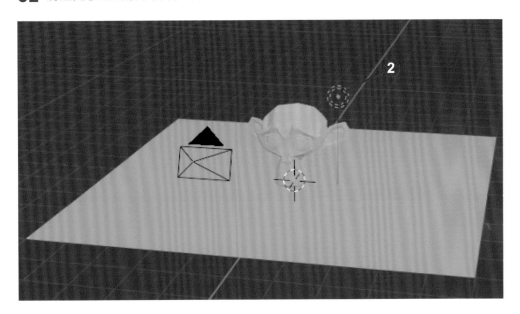

03 按下「Z」→【算繪】，算繪結果如右圖。

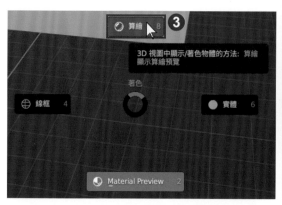

04 此時若覺得場景太暗，可在右側的燈光面板中，將【Power】數值加大可得到比較明亮的場景。

05 若想要使用其他顏色的光線，可以從「色彩」欄位改變顏色。

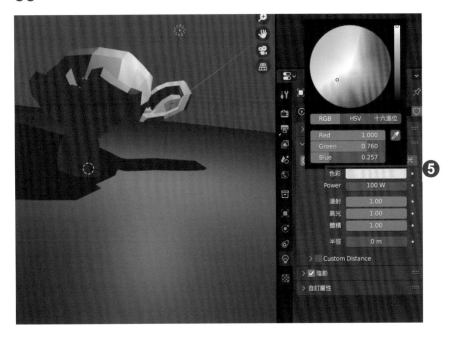

06 改變半徑會影響亮度、陰影和高光，半徑變大陰影較柔和。

光源種類
· · · · · · · · · ·

除了之前介紹的點光源，還有日光、聚光、區光。

| ⊙ 點光 | ☼ 日光 | ◁ 聚光 | ◁ 區光 |

01 日光：從無限遠距離沿單一方向發射恆定強度的光。

02 聚光：有方向性的錐形光源。

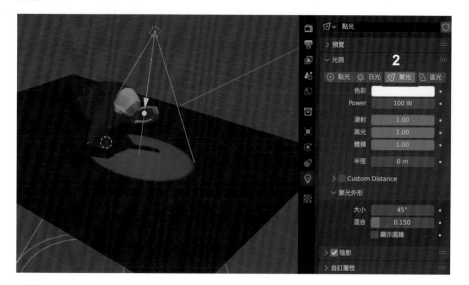

03 區光：平面形狀的光源，同樣具有方向性。有四種外觀，分別是方形、矩形、Disk（碟形）、Ellipse（橢圓）。

A. 方：正方形。

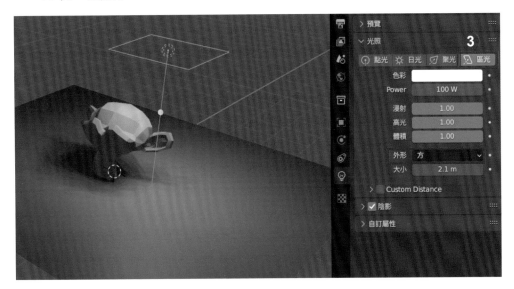

B. 矩形。

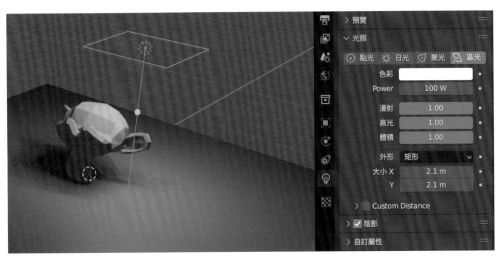

C. Disk：碟型。

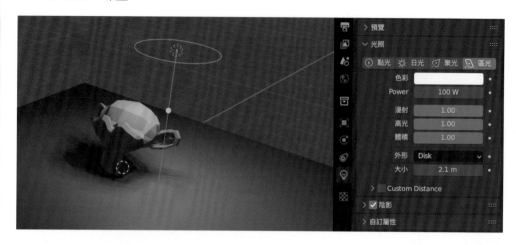

D. Ellipse：橢圓。

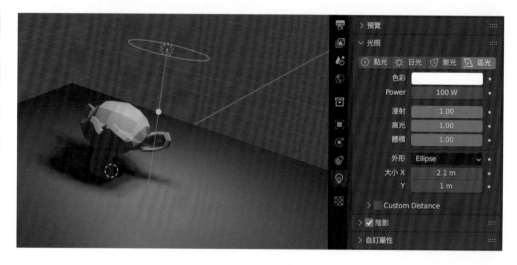

|5-3| 渲染流程

本小節要依序設定材質、相機、燈光、算圖，完整走過渲染流程，後面範例皆可以參考此流程。

材質設定

01 開啟範例檔〈Q版角色.blend〉，按「Z」→【Material Preview】切換到材質預覽模式。

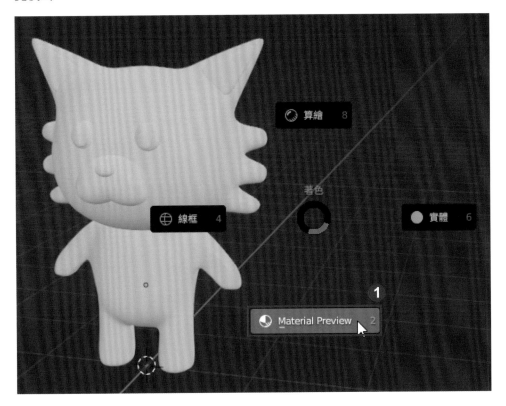

02 選取公仔的身體，切換到右側的材質面板，按下【新增】，增加材質。

03 設定材質的【基礎色彩】，可調整【高光】與【粗糙度】控制材質的反光效果。

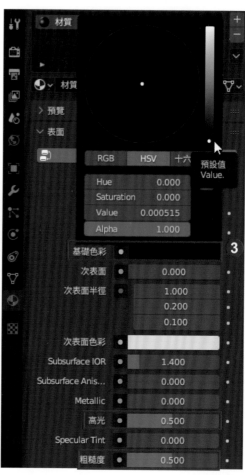

04 按住「Shift」加選物件，先選取公仔頭部、眼珠，最後選取有材質的身體。

05 點擊上方的【物體】→【Link/Transfer Data】→【Link Materials】，可以將頭部與眼珠材質與身體相同。

06 選取公仔的鼻子。

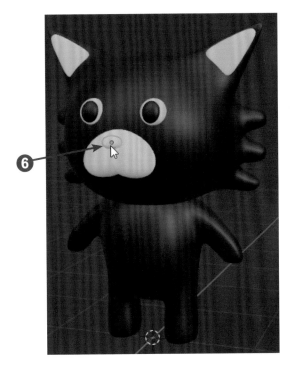

07 切換到右側的材質面板，按下【新增】，增加材質。

08 設定材質的【基礎色彩】，可調整【高光】與【粗糙度】控制材質的反光效果。

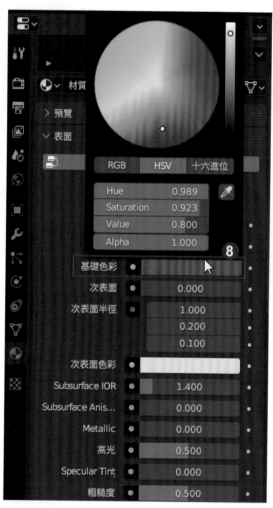

09 選取公仔嘴巴部位。

10 切換到右側的材質面板，按下【新增】，增加材質。

11 設定材質的【基礎色彩】，可調整【高光】與【粗糙度】控制材質的反光效果。

12 選取耳朵內側。

13 在材質面板中，按【  】，可以選擇與嘴巴相同的白色材質。使用同樣的方式，設定眼球的材質。

相機建立

01 若場景中有一台以上的相機,在大綱視窗中,點擊【  】按鈕設定為作用中相機。

02 按鍵盤右下角數字「0」進入作用中相機的視角,虛線框為算圖範圍,環轉或平移畫面就會離開相機視角。

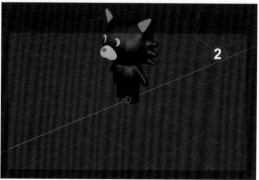

03 調整想要拍攝的視角後,點擊【視圖】→【對齊視圖】→【將作用中攝影機對齊視圖】。

04 可以將目前視角套用給相機視角,只需要再調整視角遠近。

05 按「N」開啟右側選單,切換到【視圖】→勾選【Camera to View】。

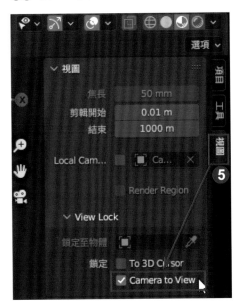

06 若沒有看見相機外框，按下「0」先切換至相機視角，如左圖。

07 可以使用滑鼠滾輪拉遠相機視角，使公仔在相機框內，如右圖。

08 視角調整完成後，關閉【Camera to View】選項，利用滑鼠環轉視角或平移畫面就會離開相機視角，按「N」關閉右側選單。

09 選取相機物件。

10 切換到相機設定,調整【焦長】,可以控制視角的透視程度。

燈光建立

01 在右側垂直分隔線上按右鍵→【Vertical Split】,左鍵放置在視窗中間,新增垂直分割。

02 在左邊視窗，按「0」切換到相機視角，按「Z」→【算繪】，用來觀察光源效果。

03 右邊視窗用來建立與調整燈光位置與角度，先刪除預設燈光。

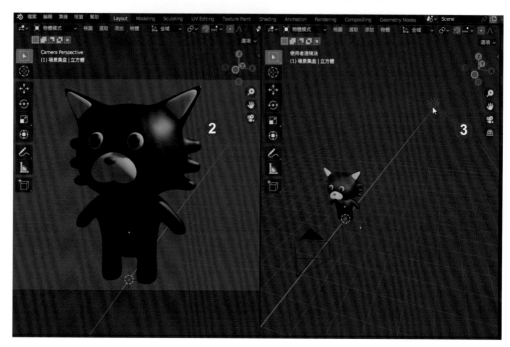

04 按「Shift+A」→【光照】→【區光】重新建立燈光。

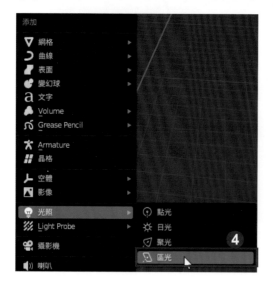

05 按「1」切換前視圖，按「G」移動到右側，按「R」往左旋轉，按「S」放大使陰影柔和，此為主要光源。

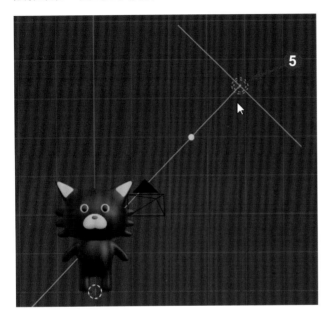

06 選取燈光，按「Shift＋D」複製，移動到左側，按「R」往右旋轉，當作次要光源，依個人喜好與畫面效果，打 2 ～ 3 盞燈。

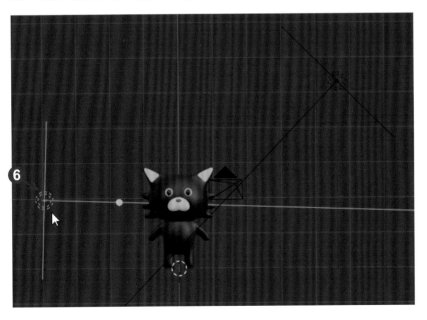

07 按「7」切換到上視圖，主要光源移到物件前方，次要光源移到後方，旋轉燈光方向照向公仔，使主要光源照亮公仔，次要光源照出反光，使公仔輪廓較清楚。

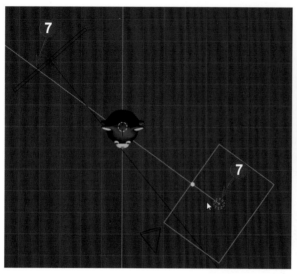

08 左側視窗中，關閉【 ↗ 】與【 ⊙ 】，可以隱藏燈光與相機等圖示，並按「T」隱藏左側選單，較容易觀察算圖結果。

09 選取右側的主要光源，在燈光設定中，設定【Power】亮度，如左圖。選取左側的次要光源，設定亮度與顏色，如右圖。主要光源強度會比次要光源高，顏色可自行調整。

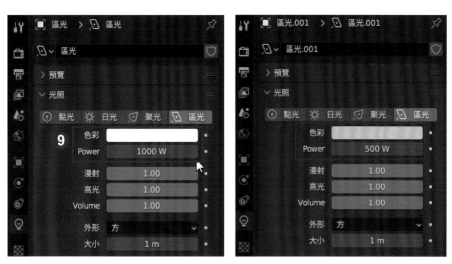

10 若次要光源的顏色為黃色使整體變溫暖，藍色則較寒冷與科技感，讀者可自行調整。

11 光源設定中，勾選【陰影】→【Contact Shadows】使物件接觸處的陰影更明顯。

12 左圖為關閉【陰影】，右圖為開啟【陰影】與【Contact Shadows】。

13 切換到【 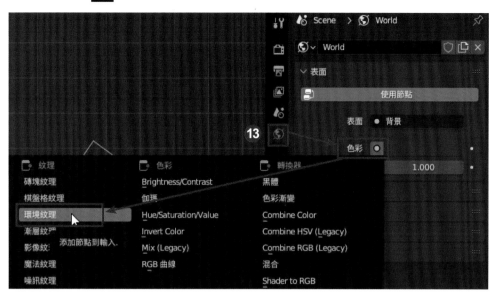 】世界設定，選【色彩】右側的黃點，選擇【環境紋理】。

14 按下【開啟】，從 HDR 範例檔中選取〈brown_photostudio_02_2k.hdr〉，會出現 360 度的全景圖，可以使場景的反光更加豐富。

15 點擊【向量】右側的紫點,選擇【映射方法】。

16 映射方法下方出現另一個向量,點擊【向量】右側的紫點,選擇【生成的】。

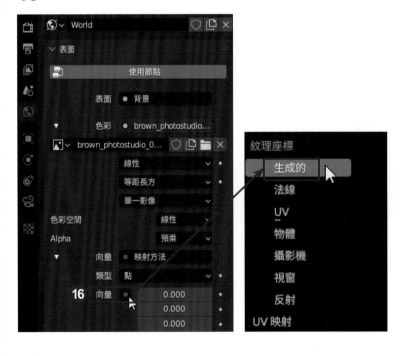

17 設定【縮放】的 X 與 Z 數值增加為 2，可以縮小場景。

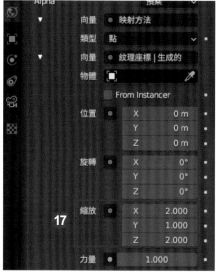

18 設定【旋轉】的 Z 角度為 245，可以旋轉全景圖的角度。

算圖設定

01 切換到【 📷 】算圖設定。渲染器引擎選擇【Eevee】。

02 取樣的數值增加,整體畫面的細節會增加,可以提高至 64 或 128。【算繪】是針對渲染時的細節,【視接口】是針對目前 3D 視窗的畫面。

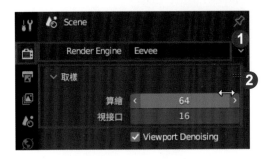

03【算繪】數值輸入 1,按「F12」渲染影像如左圖。數值輸入 64,渲染如右圖,可以看出兩個圖有燈光上的反射差異。

04 勾選【周遭遮擋】，使整體陰影更明顯，公仔頭部較大，因此頭部下方陰影有較明顯變化，【係數】可以調整強度。

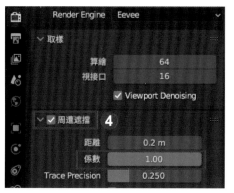

05 勾選【Bloom】使明亮處產生光暈效果，調整【閾值】可以控制光暈程度。

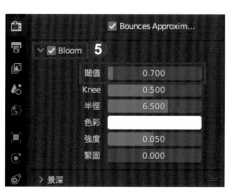

06 勾選【Screen Space Reflections（螢幕空間反射）】使反射有更多細節，勾選【折射】也影響到空間中的折射。

07 展開【陰影】選項，【立方體大小】與【Cascade Size】的數值越高，陰影越細緻，【立方體大小】是針對點光與區光，【Cascade Size】是針對日光。若渲染速度不會等很久，數值可以調更高。

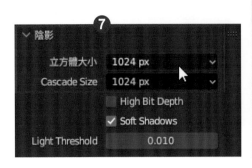

08 若需要透明背景，可以展開【底片】→勾選【透明】，渲染就會變成透明背景。

09 先取消勾選【透明】，恢復背景。若需要使背景模糊，製作景深效果，可以先按「Shift＋A」→【空體】→【純軸】，作為聚焦的目標。

10 按「7」切換到上視圖,將純軸移動到頭部靠前方。按「1」切換到前視圖,將純軸移動到頭部中間。

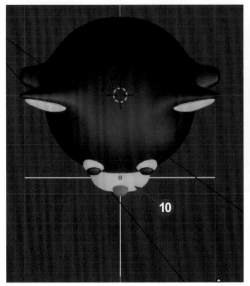
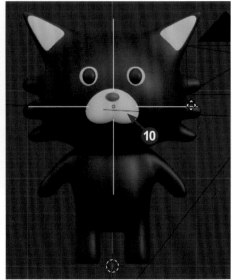

11 選取相機,切換到相機面板,勾選【景深】,點擊【🔍】按鈕,選取純軸。

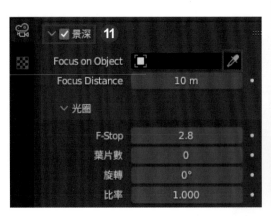

12 縮小【F-Stop】數值，背景
變得模糊。（若沒有指定純軸，
還需要調整【Focus Distance】
控制焦距）

13 按「F12」渲染完成。

14 點擊【影像】→【儲存】。

15 左側找尋存檔位置，下方設定圖片名稱，右側設定檔案格式，按下【另存為影像】完成。

16 補充說明：在渲染前，若需要修改圖片尺寸或格式，可以至右側【🖨】輸出設定，修改解析度 X 與 Y，也就是圖片尺寸。下方可以設定檔案格式。

06

CHAPTER

雕刻功能與 3D 列印

|6-1| 筆刷基本操作

01 點擊【檔案】→【新增】→【Sculpting】，新建一個介面為雕刻視窗的檔案，畫面中間會出現已經細分面數且表面光滑的球。

02 當然也可以新建一般檔案，再自行將【物體模式】切換為【雕塑模式】。

03 下方會出現筆刷半徑與力量的設定，一般會使用繪圖筆來雕刻，可開啟力量的【 （壓力偵測）】，繪圖筆下壓力道強，則筆刷的力量強。

04 游標移至工具列的邊緣，產生雙箭頭圖示時，向右拖曳，顯示筆刷名稱。

05 選取【描繪】筆刷，在球體上繪製。

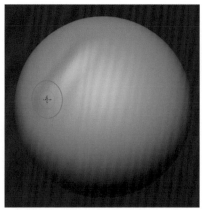

06 按一下「F」鍵，左右移動游標控制筆刷大小，點擊左鍵確定。

07 再畫一筆會發現筆刷半徑變大。

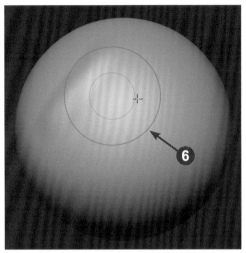

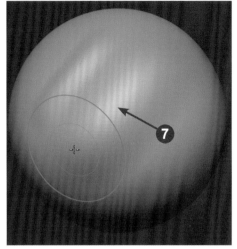

08 按一下「Shift＋F」鍵，左右移動游標控制筆刷力量為 1，點擊左鍵確定。

09 再畫一筆會發現形狀更加突起，表示力量較強。

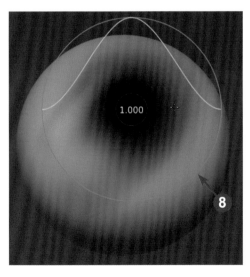

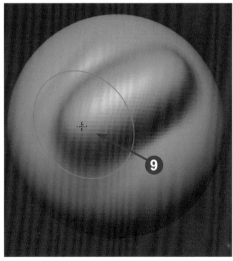

10 需要注意，使用滑鼠滾輪拉遠畫面時，筆刷也會變大。

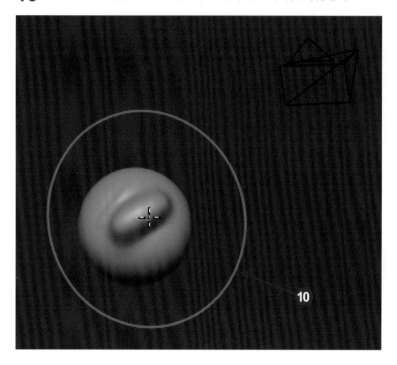

11 按住「Ctrl」鍵繪製，方向相反，原本凸起變成凹陷。

12 按住「Shift」鍵繪製，可以平滑，使輪廓變柔和。

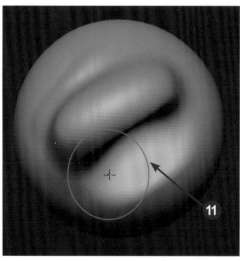

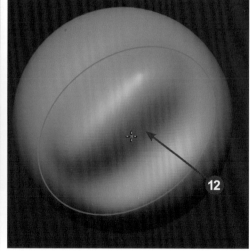

小秘訣

若不希望滑鼠滾輪影響筆刷大小，可以點擊【筆刷】→半徑單位選擇【場景】，則拉遠畫面時，筆刷大小不受影響。

左圖的筆刷大小，在右圖拉遠畫面時，沒有變化。讀者可自行選用習慣的設定。

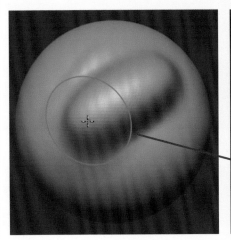
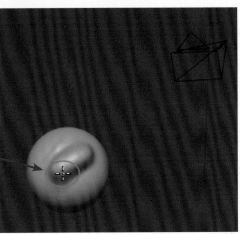

|6-2| 常用筆刷

雕刻用筆刷
. . . .

01 使用左側的【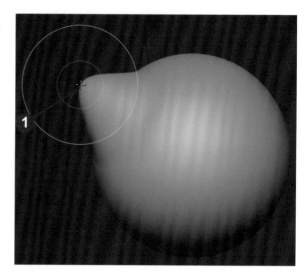 Grab 】筆刷，可以抓取模型，如圖所示，在調整模型整體形狀非常好用。

02 使用左側的【 Clay Strips 】筆刷，像是增加黏土一樣，可以快速雕刻大致外型。

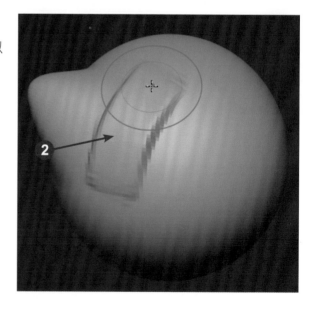

03 使用左側的【 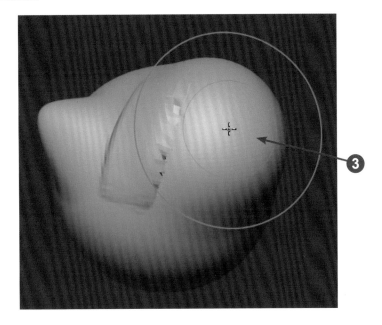 Inflate 】或【 Blob 】筆刷,重複繪製同一個區域,可以使模型越來越膨脹。

04 使用以下三種筆刷,可以壓平模型,如圖所示,左側使用【Flatten】筆刷壓平,右側使用【Scrape】筆刷壓平,壓平的深度不同。

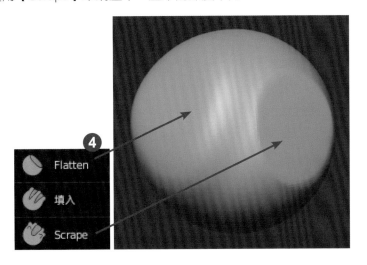

05 使用左側的【 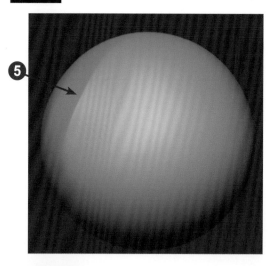 Pinch 】筆刷，可以擠壓繪製的區域，形成銳利邊緣。

06 使用左側的【 Snake Hook 】筆刷，可以拖曳出像蛇與惡魔角的形狀，越末端會縮小。

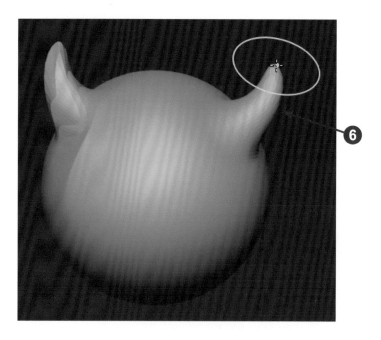

遮罩筆刷

01 往下拖曳筆刷清單的捲軸，使用【Mask】筆刷。

02 在模型上繪製黑色區域，黑色區域不會被雕刻。

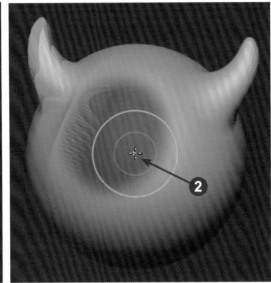

03 按住「Shift + 空白鍵」，直到滑鼠移到【描繪】筆刷後放開，可以快速切換筆刷。

04 繪製遮罩區域，遮罩內不受影響，遮罩外會凸起。

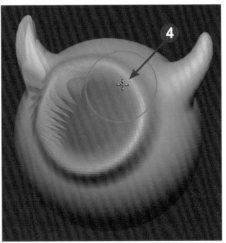

05 使用左側的【 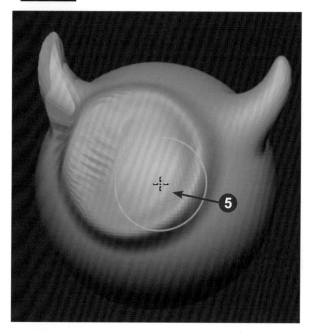 Mask 】筆刷,按住「Ctrl」鍵繪製遮罩區域,可以取消遮罩。

06 使用左側的【 方塊遮罩 】筆刷,可以繪製矩形範圍的遮罩。

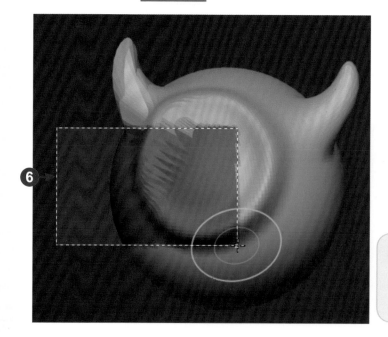

小秘訣

按「Alt+M」可以清除所有遮罩。

隱藏筆刷

01 使用左側的【 ⬜ Box Hide 】筆刷，拖曳矩形範圍框選模型，範圍內會隱藏。

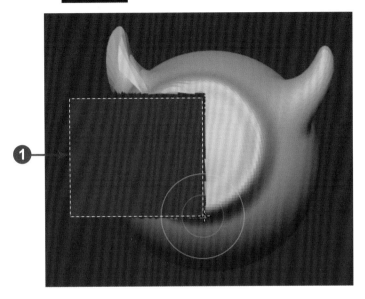

02 在模型外點擊左鍵一下，可以取消隱藏，或是按住「Ctrl」鍵拖曳矩形範圍框選模型。

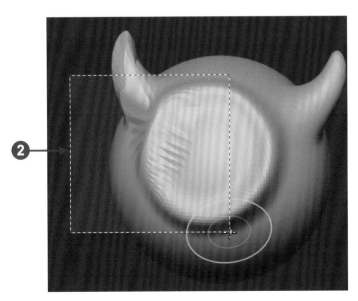

布料筆刷
· · · · · · · · · · · ·

01 先按「Ctrl+Z」鍵盤復原為一顆球體。使用左側的【 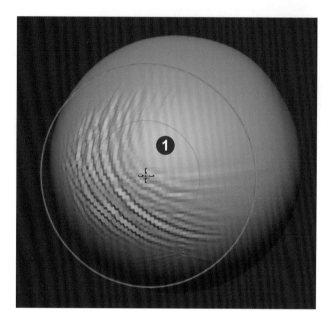 Cloth 】筆刷，可以繪製布料的皺褶。

小秘訣

按「Ctrl+Z」復原步驟，按「Ctrl+Shift+Z」取消復原步驟。

|6-3| 重設網格

在上一小節的布料筆刷，球體上有些許皺褶，但不是很精緻，我們可以透過重設網格來控制面的數量。面數少，適合一開始雕刻整體外形；面數多，適合整體外形已經定型，用來雕刻細節。

Remesh（重設網格）

01 按下「Shift+Z」切換線框模式，目前網格非常密集。

02 點擊右上角的【重設網格】→將【體素大小】從 0.035 設定為 0.1。

03 點擊【Remesh】重設網格。

04 網格數明顯變少,按下「Shift+Z」切換回著色模式也可以察覺到。

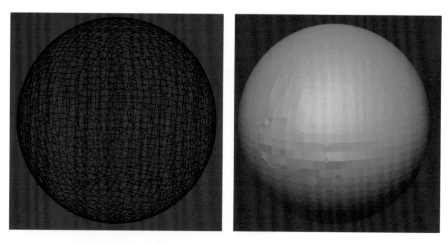

05 重設網格有快捷鍵,按下「R」鍵,左右移動游標控制網格大小,點擊滑鼠左鍵確定。(舊版本的快捷鍵為「Shift+R」)

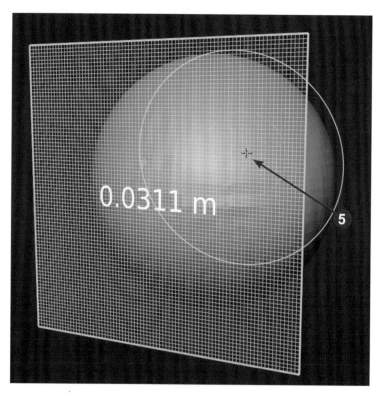

06 再按下「Ctrl+R」鍵重設網格。按下「Shift+Z」切換線框模式，觀察到網格較密集。

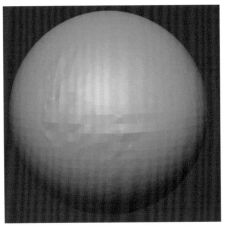 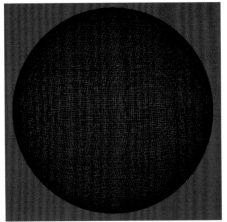

Dyntopo（動態拓撲）

. . . .

01 使用【 ⬤ 描繪 】筆刷，將筆刷尺寸調小，力量增強。

02 勾選右上角的【Dyntopo】，或按下快捷鍵「Ctrl+D」。點擊【Dyntopo】→ 將【細節大小】增加為 15。

03 繪製形狀時，繪製的區域會變粗糙。

04 點擊【Dyntopo】→將【細節大小】減少為 5。

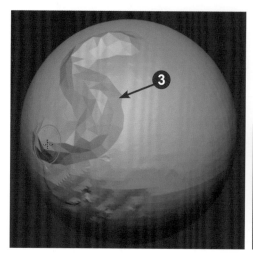

05 則繪製的形狀較為細緻，其他區域不影響，Dyntopo 只會影響目前繪製的區域。

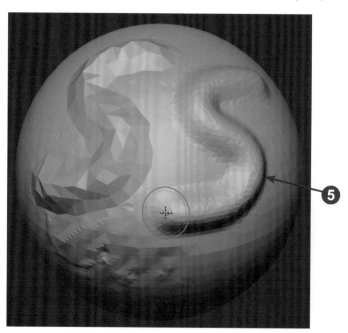

6-4 其他工具

鏡像
......

01 點擊【檔案】→【新增】→【Sculpting】，新建檔案。

02 在右上角，開啟【X】方向的對稱，則 X 方向左右對稱。

03 只需繪製半邊的形狀即可，再點擊一次【X】關閉鏡像。（也可以同時開啟多個軸向）

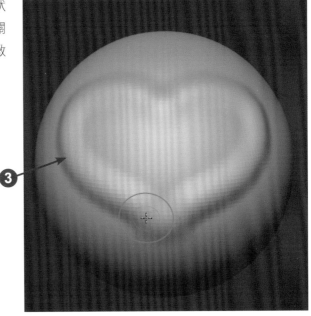

筆觸
. . . . . .

01 點擊【筆觸】，有很多筆劃方法可以使用，預設使用【空格】。

02 若【筆劃方法】選擇【點】，依照繪製的速度決定間距，速度快則距離遠。

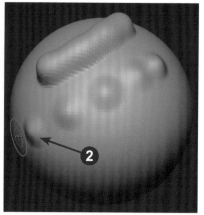

03 若【筆劃方法】選擇【拖曳點】，按住滑鼠左鍵拖曳點，放開左鍵才會決定位置。

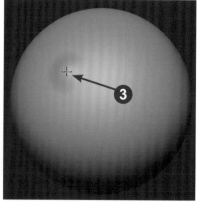

04 若【筆劃方法】選擇【噴嗆】，按住滑鼠左鍵拖曳，會以不規則的方式繪製。

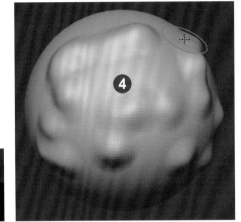

05 若【筆劃方法】選擇【已錨定】，按住滑鼠左鍵拖曳，可以只繪製一個點，並決定大小。

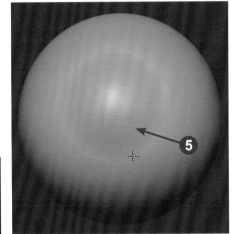

06 若【筆劃方法】選擇【直線】，按住滑鼠左鍵拖曳來繪製直線。(需注意每個筆刷的筆觸是個別設定的)

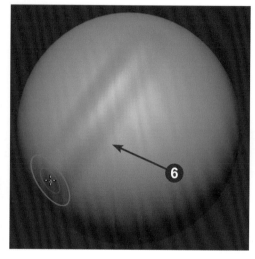

| 6-5 | 雕刻範例

本小節要使用簡易繪製筆刷雕刻小型史萊姆怪物，並在下一小節做 3D 列印的匯出。怪物有各式各樣的形狀，因此讀者可以隨意雕刻。

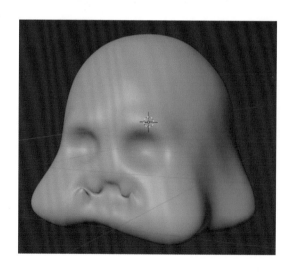

01 重開 Blender，刪除預設方塊，按「Shift+A」→【變幻球】→【球】，按「Shift+D」複製一個球。

02 按「1」切換到前視圖，按「S」縮小，按「G」移動到下方，變幻球互相靠近時會彼此相連，如左圖。

03 按「7」切換到上視圖，按「Shift+D」複製多個小球，如右圖。

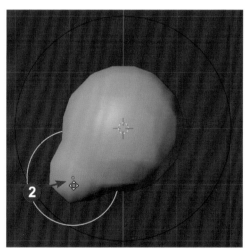

前視圖

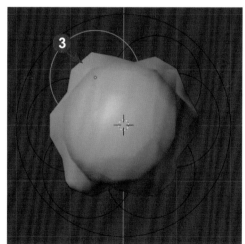

上視圖

04 按「A」全選,按下滑鼠右鍵→【Convert To】→【網格】,變幻球要轉變為網格類型才能進行雕刻。

05 將【物體模式】切換為【雕塑模式】。

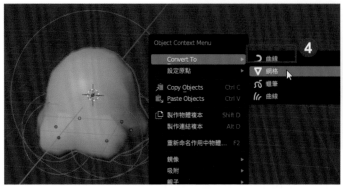

06 按「R」後移動滑鼠並按左鍵,決定網格大小,如左圖。

07 按「Ctrl+R」重定網格大小,如右圖。

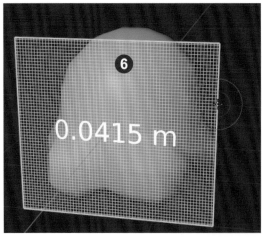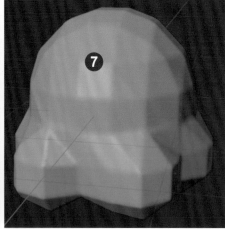

08 按「F」後移動滑鼠並按左鍵,筆刷調大。按住「Shift」,在模型上按住滑鼠左鍵繪製,可以平滑模型的面,注意各個方向皆平滑。

09 在左側點擊【Grab】筆刷。

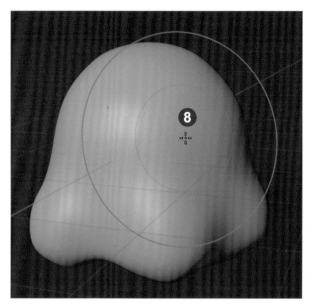

10 在模型上按住左鍵往外移動,調整形狀。

11 將模型從上往下移動,稍微壓扁。

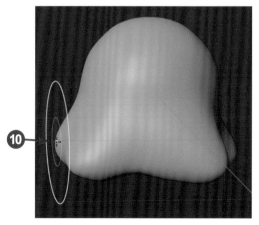

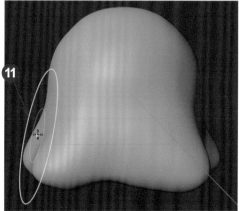

12 在左側點擊【描繪】筆刷。

13 在右上角開啟【X】方向的鏡射。

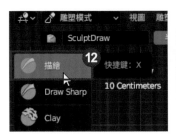

14 按「1」切換到前視圖，按「F」將筆刷調小，按住「Ctrl」繪製眼睛與嘴巴，使模型往內凹陷。

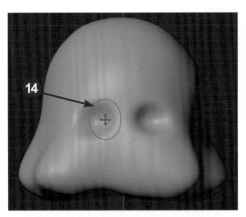
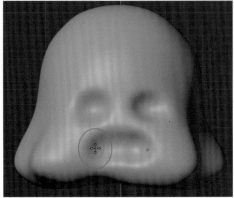

15 放開「Ctrl」，繪製眉毛位置。

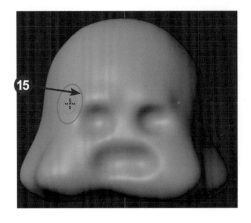

16 在左側點擊【Snake Hook】筆刷。

17 按「F」將筆刷調小,環轉為仰視的視角,從嘴巴邊緣往上長出尖牙,如左圖。

18 環轉為俯視的視角,從嘴巴邊緣往下長出尖牙,如右圖,完成簡易史萊姆的繪製。

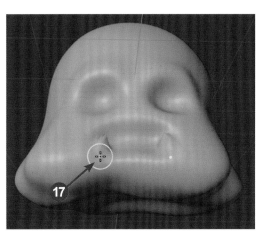 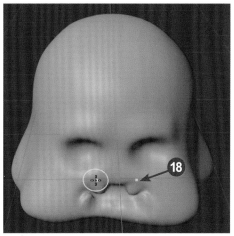

6-6 3D 列印

本小節要將史萊姆匯出為 STL 格式,才能匯入切片軟體,將模型做切片運算後,再匯出為 gcode 格式,才能傳送至 3D 列印機做列印,3D 列印機有很多種材料,本小節使用塑膠線材,層層往上疊的列印方式。

匯出 STL 格式

01 不管使用什麼軟體，在匯出 STL 前，需要先檢查模型，通常會檢查模型是否有多餘的面、是否有交叉面、是否正面朝外⋯等。

02 若要手動檢查正面朝外，可將左上角切換為【編輯模式】。

03 展開右上角【 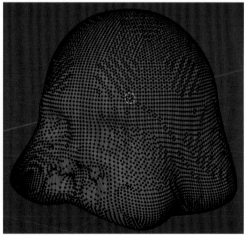 】的設定，勾選【面向】，以顏色表現面向。面有分為正面與背面，藍色為正面，紅色為背面。

04 選取任意的面,在左上角點擊【網格】→【法線】→【Flip】,可以反轉,面變成紅色。

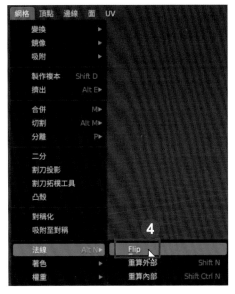

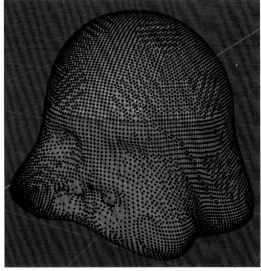

05 按「A」全選,在左上角點擊【網格】→【法線】→【重算外部】,將選取的面變成正面朝外。

06 點擊【檔案】→【匯出】→【STL】。

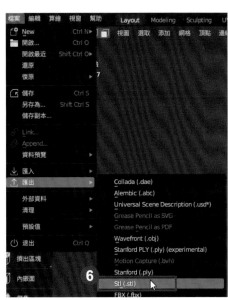

3D 列印工具

01 除了手動檢查，也可以利用 3D 列印工具，點擊【編輯】→【偏好設定】。

02 切換到【附加元件】，搜尋關鍵字「print」，勾選【網格：3D-Print Toolbox】。

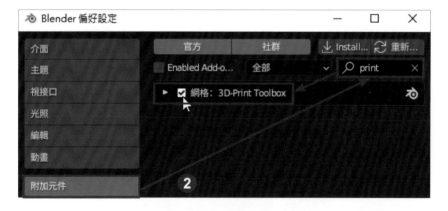

03 按「N」開啟右側選單，切換到【3D-Print】，按下【檢查全部】，會依據上方設定的數值做檢查，下方數值為 0 表示沒有問題。

04 也可以單獨檢查某一項，例如【懸凸】設定 45 度，點擊【懸凸】開始檢查，結果顯示有 3749 面的斜度超過 45 度。(滑鼠在按鈕上停留會出現提示說明)

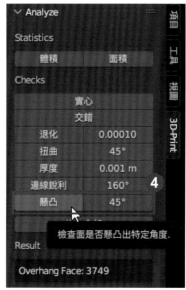

05 在【清理】選項中，點擊【扭曲】與【Make Manifold】可以幫忙清理空洞、正面朝外…等，下方會出現修正情況，如右圖。

06 先選取要匯出的史萊姆，在【匯出】選項中，按下【匯出】。若沒有選取物件，則會匯出空的檔案。

匯入切片軟體

01 開啟網頁瀏覽器，搜尋「cura」進入官網，下載免費切片軟體。

02 按下【Download For Free】。

03 選擇符合的作業系統,此處以 Windows 為例。

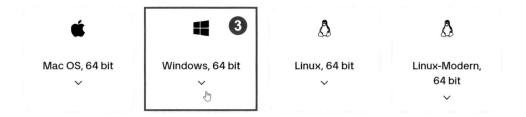

04 下載完成並安裝後,在 Cura 視窗,點擊【Preferences】→【Configure Cura】開啟偏好設定。

05 開啟【Language】下拉選單,選擇【正體字】。

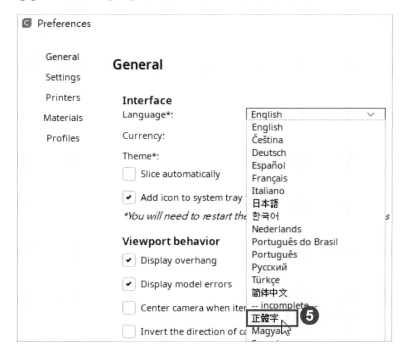

06 點擊【Ultimaker S5】變更印表機，按下【新增印表機】。

07 選擇【Non Ultimaker Printer】。

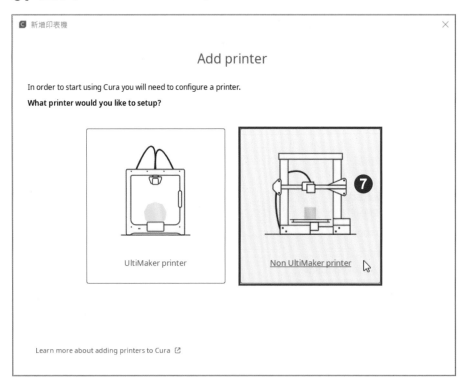

08 按下【新增非網路印表機】→【Custom】→【Custom FFF printer】，按下【增加】。

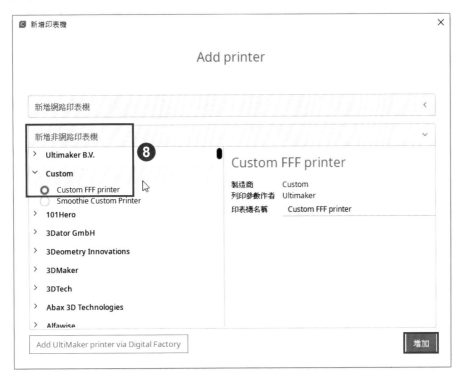

09 設定印表機的寬深高皆為 200。

10 切換到【Extruder 1】，設定線材直徑 1.75。

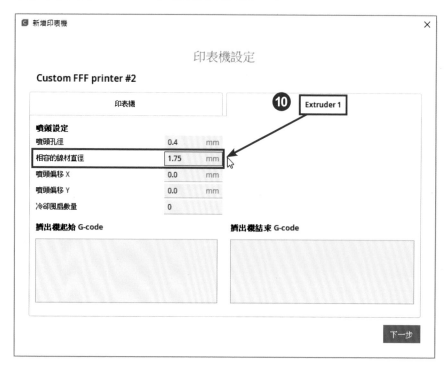

11 點擊【 📁 】選擇之前匯出的 STL 檔案，史萊姆模型會在空間的中央，模型非常小，可以用滑鼠滾輪放大畫面。

12 選取模型後，左側工具按下【 ⤢ 】，在 X 輸入 1000%，放大 10 倍。地面橫向與直向各 10 格，1 格表示 1 公分，目前寬約 3 公分，若模型太小，列印後細節可能消失。

13 在空間中按住滑鼠右鍵可以環轉視角，按住中鍵可以平移畫面。

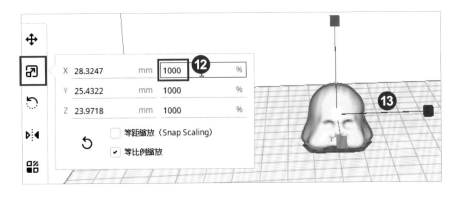

14 點擊右上角開啟列印設定。

15 【Resolution】可以設定每一層的厚度，數值越小，模型外觀越細緻，列印時間久。

16 【Infill Density】設定模型內部的填滿密度，【Infill Pattern】為填滿樣式，【Shell Thickness】為外殼的厚度。若模型底部沒有懸空處，可以不需要【支撐】。【附著】可以在模型下方增加一個平面底部。通常使用預設值即可。

17 按下【切片】。

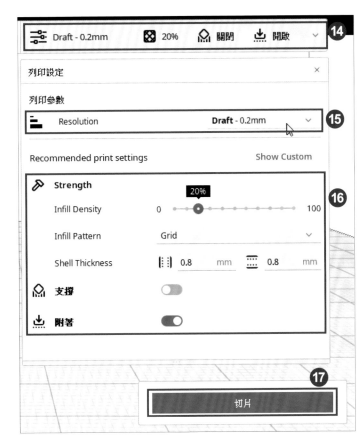

18 切片完成後,可以估算列印時間與耗材,按下【預覽】。

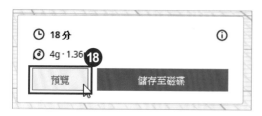

19 拖曳右側滑桿為列印的時間軸,拖曳下方時間軸為每一層的噴頭位置,按下【儲存至磁碟】,得到史萊姆的 gcode 檔案,檔案名稱建議改成英文。

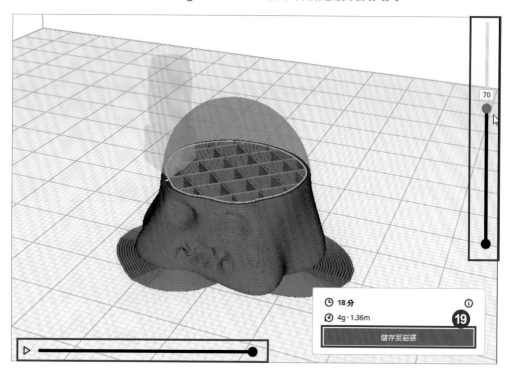

20 列印後如下圖，左側為縮放 1000%，右側為 2000%。

小秘訣

若模型底部不平整，也可以按下【 ✛ 】，取消勾選【Drop Down Model（模型落下至地面）】，拖曳藍色箭頭，將模型往下移動，則地面之下的模型不會列印。

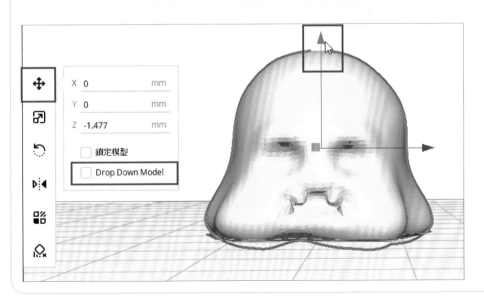

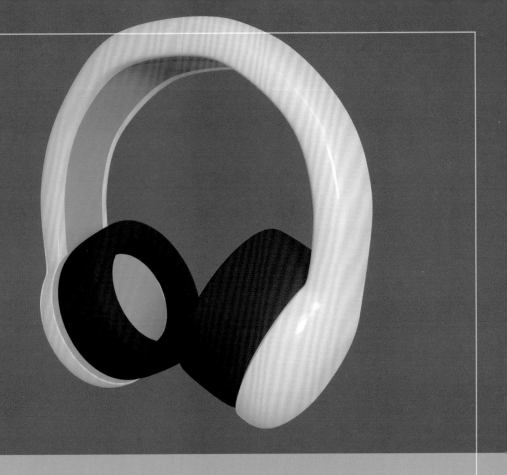

07

CHAPTER

3C 產品設計

|7-1| 耳機

耳機建模

01 點擊【檔案】→【新增】→【General】新建檔案。

02 按下鍵盤右側數字「1」切換到前視圖，再按下「Shift+A」→【影像】→
【Background】選取〈耳機參考圖 .jpg〉，可以在前視圖置入圖片，其他視角看不
見。（另一個 Reference 也是置入圖片，但任何視角皆可以看見圖片）

03 點擊【Object Data Properties】，勾選【不透明度】，數值設定 0.3，使參考圖變透明，不會遮住模型。

04 按下「Shift＋A」→【網格】→【圓柱體】，先不要做任何動作。

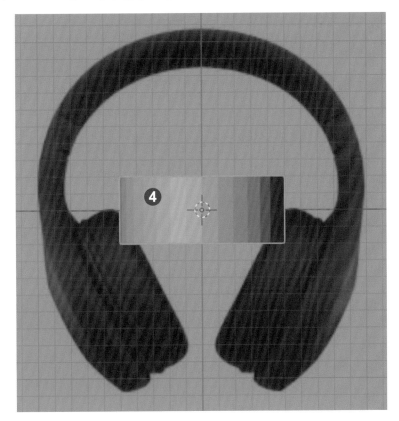

05 在左下角設定圓柱體的尺寸，半徑為 0.5，深度為 0.4。

06 切換到修改器面板，點擊【添加修改器】→選擇【鏡像】，軸選擇【X】。

07 按下「Tab」鍵切換到編輯模式，按「A」全選，按「G」往左移動到參考圖對應的位置，右側已經鏡像成功。

08 按「R」旋轉耳機，稍微對準參考圖的角度，左右兩個耳機不要互相碰觸。

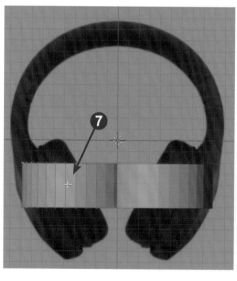

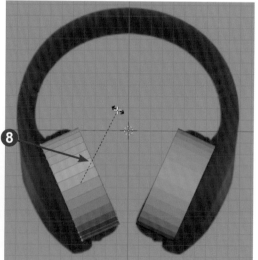

09 按下鍵盤上方數字「3」切換到面層級，選取耳機外側的面，按「I」鍵往內新增面。

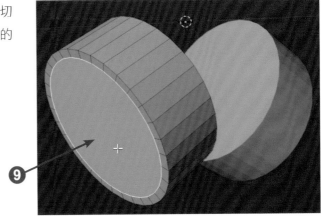

10 按「E」擠出面。

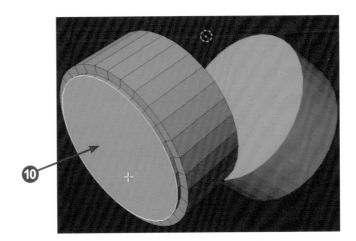

11 再按「I」，往內新增面。

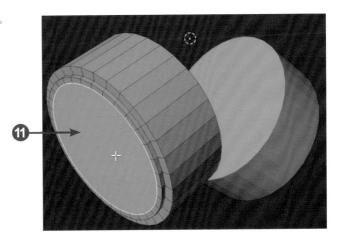

12 按「S」放大面。

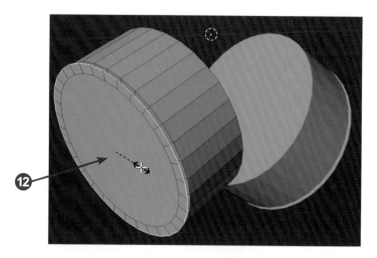

13 先不要取消選取，按下數字「1」切換到前視圖，按「E」將選取的面擠出，稍微對齊參考圖的位置。

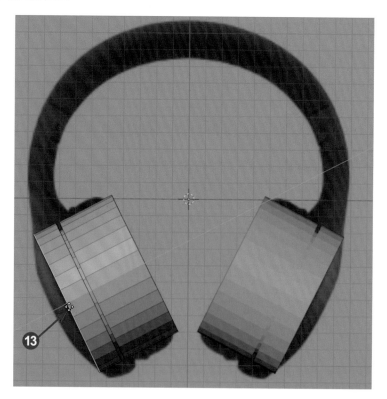

14 再按「E」擠出一次，按「S」縮小面。

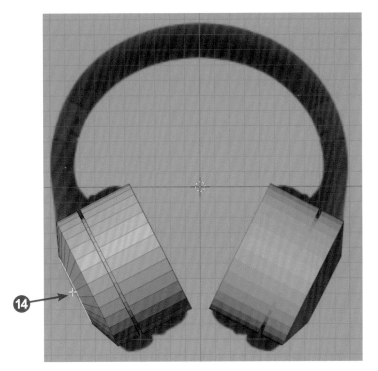

15 選取六個面。

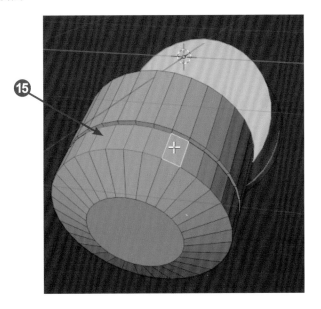

16 按下鍵盤右側數字「1」切換到前視圖,按「E」擠出面。

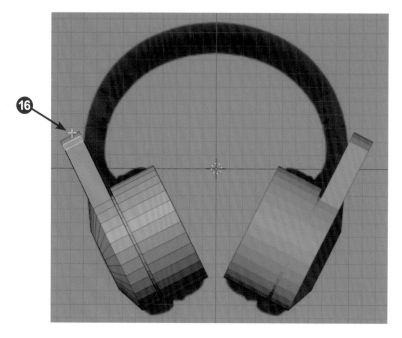

17 按「G」移動到對齊參考圖,並按「R」鍵旋轉至與耳機弧線外型垂直。

18 重複按「E」鍵擠出、「G」移動、「R」旋轉的動作。

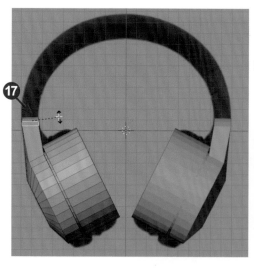
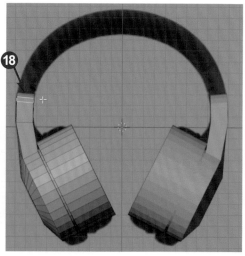

19 重複按「E」鍵擠出、「G」移動、「R」旋轉的動作。

20 重複按「E」鍵擠出、「G」移動、「R」旋轉的動作。

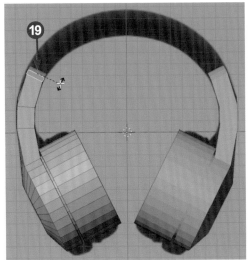

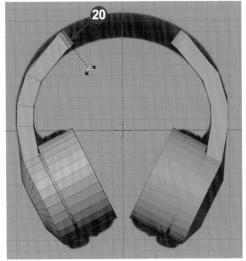

21 在鏡像修改器的下方，勾選【剪輯】，使左側的模型不會超過鏡射中心到右側。

22 將步驟 20 的面，按「G」繼續往右移動，使左右模型相連。

23 按「G」往下移動，對齊參考圖。

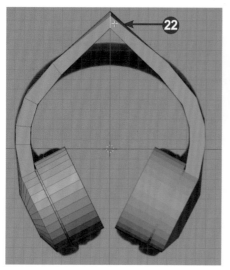
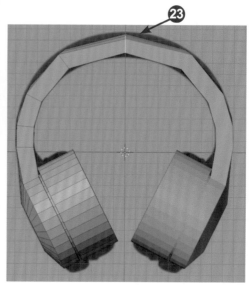

24 選取如左圖的面，按「I」往內新增面。

25 按「E」往內擠出。

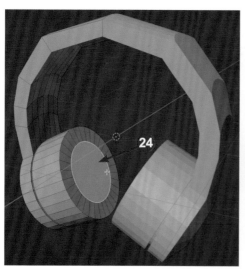
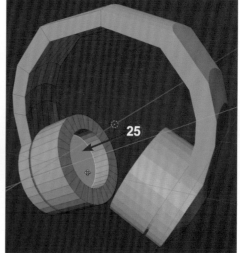

26 在右側點擊【Modifier Properties】，點擊【添加修改器】→選擇【細分表面】，【Levels Viewport】與【算繪】的等級設定一樣，皆為 2。

27 此時耳機外型變得較為圓滑，但還是有鋸齒的感覺。

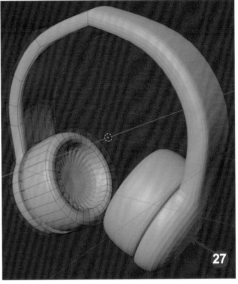

28 按下「Tab」鍵切換為物體模式，選取耳機，按下滑鼠右鍵→【著色平滑】，耳機變得更平滑。

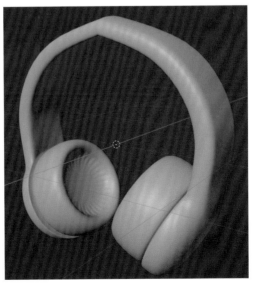

耳機修改

01 在細分修改器右側,關閉【編輯模式中顯示修改器】。

02 按下「Tab」切換為編輯模式,細分的效果會隱藏,按下鍵盤上方數字「2」切換到邊層級,按住「Alt」選一條環形邊,再按住「Alt+Shift」加選其他兩條環形邊。

03 按下「Ctrl+B」製作圓角,滑鼠滾輪控制段數為 2,移動游標調整圓角大小,點擊左鍵確定。

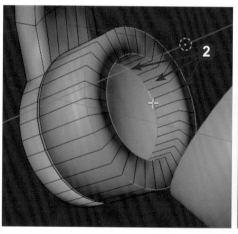
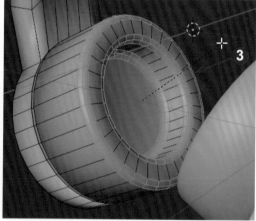

04 按下「Tab」切換回物體模式，檢視平滑結果。

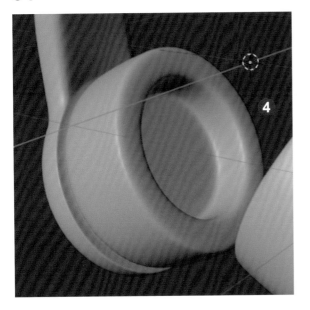

05 按下「Tab」切換為編輯模式，環轉到耳機外側，選取外側的面。

06 按「I」鍵往內新增面。

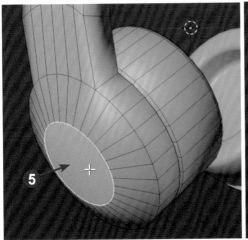 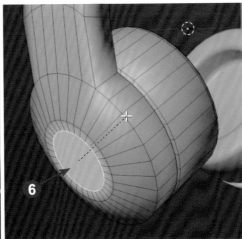

07 按下「Tab」切換回物體模式，檢視平滑結果。

08 在細分修改器右側，開啟【編輯模式中顯示修改器】。

09 按下「Alt＋Z」使耳機透明化，按下鍵盤右側數字「1」切換到前視圖，按下鍵盤上方數字「1」切換到點層級，框選耳機某一段的點。

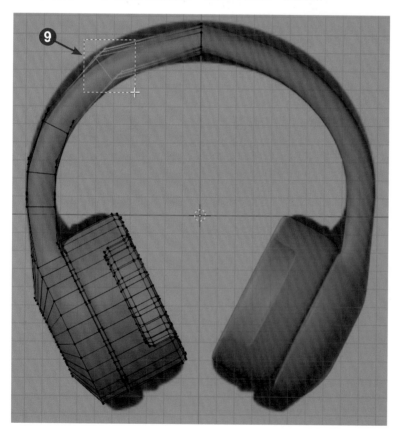

10 按「G」往上移動，
使耳機中間連接處銜接的
比較平順。

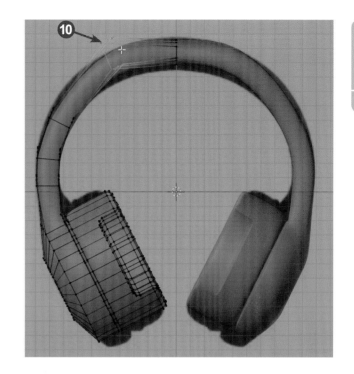

11 框選中間的點，按
「S」鍵，再按「Z」鍵上
下縮放。

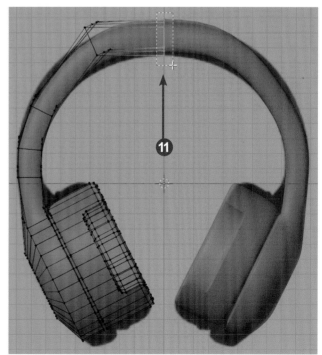

12 按下鍵盤右側數字「7」切換到上視圖，按「S」，再按「Y」縮放。

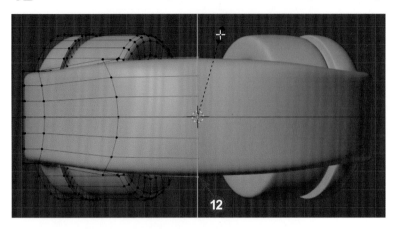

13 按下「Tab」切換回物體模式，檢視平滑結果。

14 可參考第四、五章的材質與渲染設定，渲染耳機。

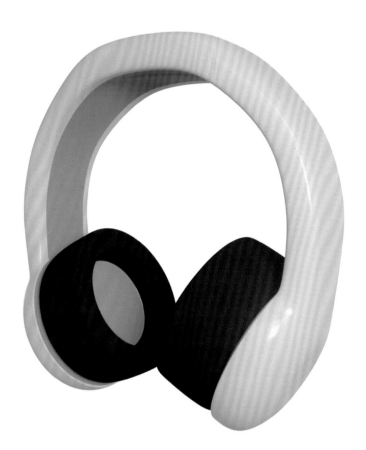

08

空間場景設計實例

|8-1| 小房間建模

01 開啟 Blender 後,刪除原有的方塊。點擊快捷鍵「Shift+A」→【網格】→【平面】新增一個平面,並稍微放大。

02 切換到修改器面板,添加【實體化】修改器來增加平面厚度。調整【厚度】數值可調整厚度大小。

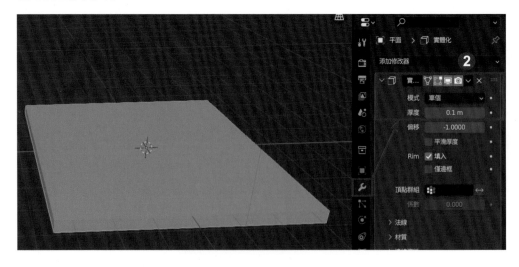

03 加入【倒角】修改器，調整【量】數值可以調整斜角大小，【分段】可調整斜角段數，即可完成基礎地板。

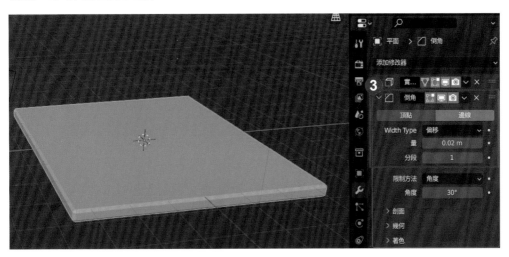

04 點擊快捷鍵「Shift+D」→右鍵，在原地複製新的地板，將地板往上移動並壓扁後，擺至適當位置（可以切換到前視圖與上視圖來調整位置）。

05 在木板加上【陣列】修改器，依據軸向設定陣列方向，本範例為 Y 軸，其他軸為 0。並將 Y 軸數值設為 1.05 使木板之間會有空隙。【計數】則能設定木板數量。

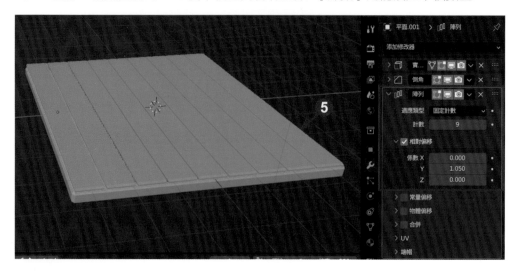

06 從快捷鍵「Shift+A」新增一個方塊，將其放大至與地板大小相等。

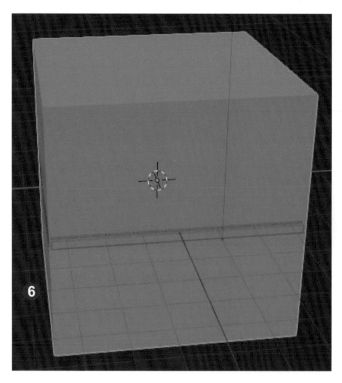

07 按「Tab」進入編輯模式刪除多餘的面，使方塊只剩下兩面牆。

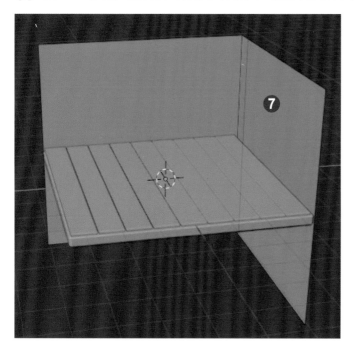

08 按「Tab」離開編輯模式，切換到修改器面板，添加【實體化】修改器來增加牆面厚度。將牆面往上移動到底部與地板對齊。

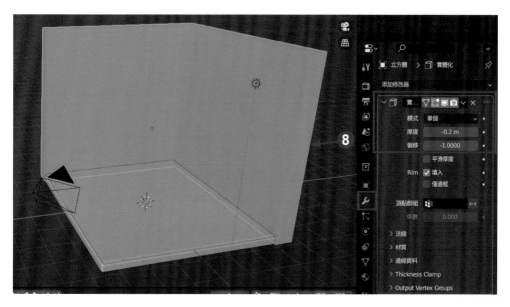

09 按鍵盤右側數字「7」進入上視圖。勾選【平滑厚度】使牆面厚度均勻。

10 完成後點擊【套用】使牆面應用修改器。

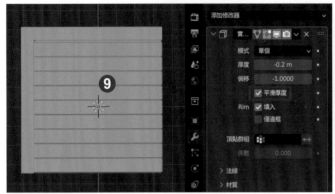

11 點擊快捷鍵「Tab」進入牆面的線層級，使用快捷鍵「Ctrl+R」且滑鼠點擊垂直牆線，將牆面分為上下兩份。

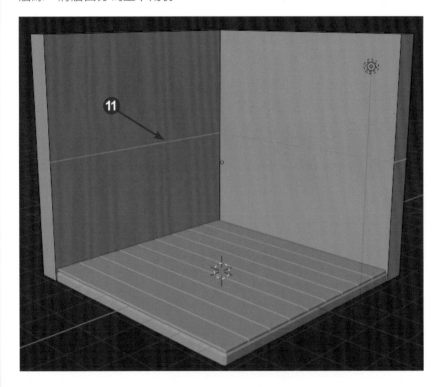

12 再按「Ctrl+B」會變兩條線段，移動滑鼠調整大小並按左鍵確定。

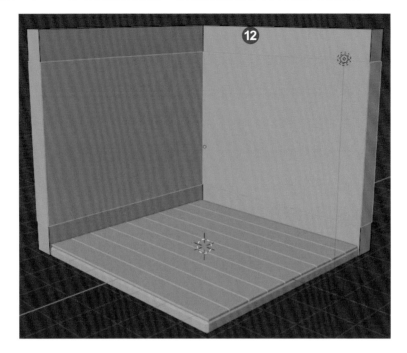

13 切換到面層級，選取上下兩排面。

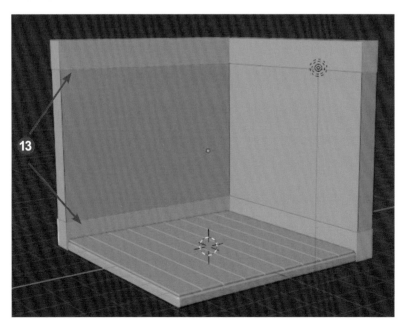

14 選取完後點擊快捷鍵「Alt+E」→【Extrude Faces Along Normals】。

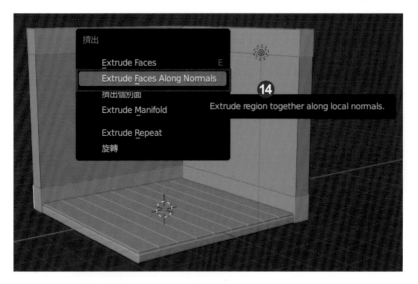

15 往外擠出適當大小,點擊右鍵完成擠出。

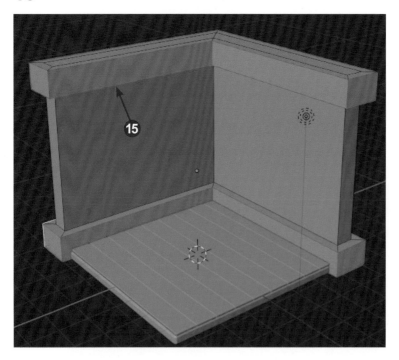

16 加入【倒角】修改器，調整【量】數值可以調整斜角大小，【分段】可調整斜角段數，即可完成房間外型。

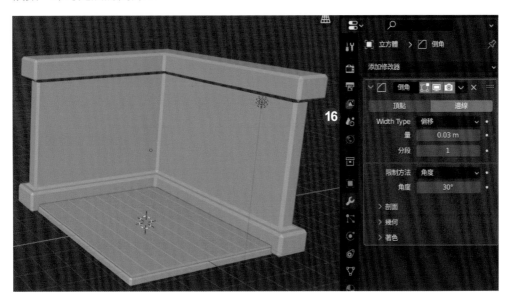

畫框與層板架
· · · · · · · · · · · · · · · ·

01 點擊快捷鍵「Tab」進入牆面的面層級，選取下圖所示的面。點擊快捷鍵「Shift+D」→右鍵，在原地複製新的面。

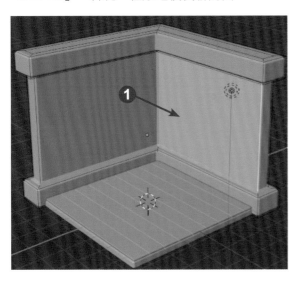

02 點擊快捷鍵「P」→【選取項】，讓複製出的面成為獨立個體。

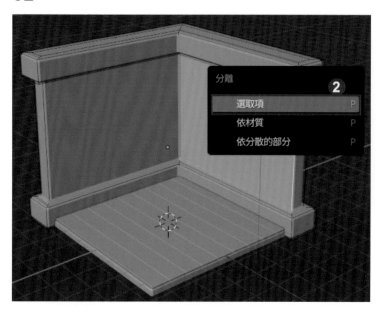

03 點擊快捷鍵「Tab」退出編輯模式，即可單獨選取到上一個步驟所複製的面。再按下「Tab」鍵進入編輯模式，利用縮放工具將面縮小用來製作畫框。

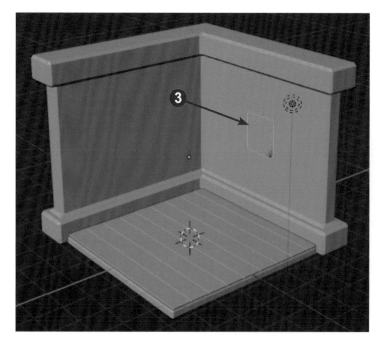

04 點擊快捷鍵「E」擠出適當厚度作為畫框，倒角大小可在修改器面板設定。

05 點擊快捷鍵「I」插入面，再利用縮放工具調整插入面適當大小。

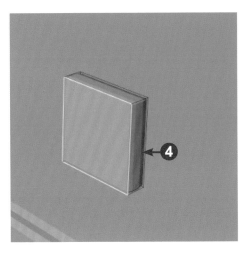

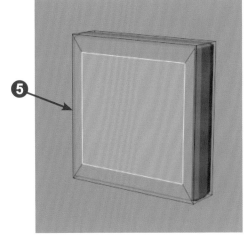

06 點擊快捷鍵「E」往內推出適當深度即可完成畫，按「Tab」鍵離開編輯模式。可以複製一些畫增加牆面豐富度。

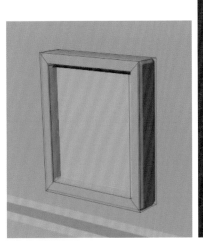

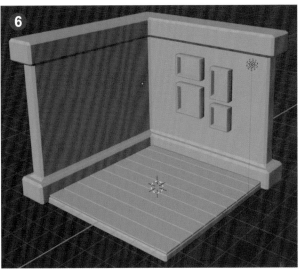

07 點擊快捷鍵「Tab」進入牆面的面層級,選取下圖所示的面。依據步驟 1 ~ 4 的方式製作出置物層板。

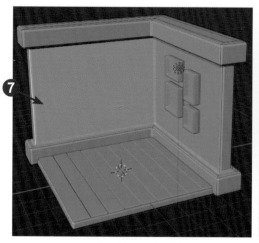
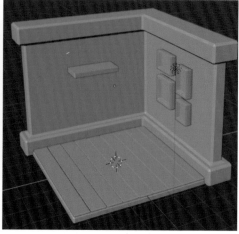

床

· · ·

01 點擊快捷鍵「Shift+A」新增一個方塊,將其縮放用來製作床。加入【倒角】修改器,調整【量】數值可以調整斜角大小,【分段】可調整斜角段數,段數大於 1 變圓角。

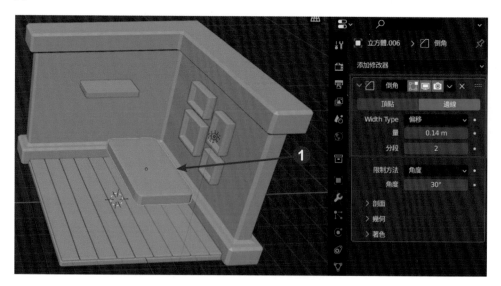

02 點擊快捷鍵「Shift+D」→ 右鍵，在原地複製新的床板。利用縮放工具縮小，並移動至適當位置作為床尾板。

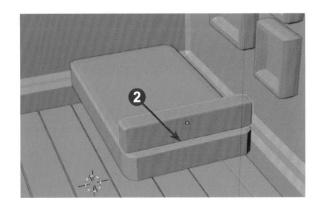

03 選床尾板，按快捷鍵「Tab」進入編輯模式，按「Ctrl+R」且滑鼠停在橫線上，滑鼠滾輪可以增加五條線段。

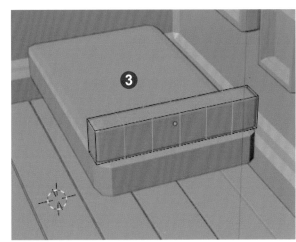

04 開啟視窗上方【比例化編輯物體】並選取中間所有點。

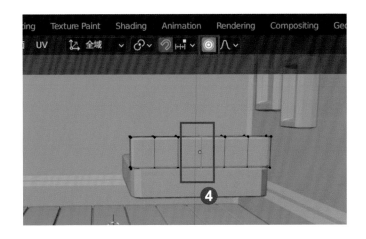

05 開啟【比例化編輯物體】後，畫面會出現一個圓圈，滑鼠滾輪可以調整圓圈大小，可以發現只有在圓圈範圍內的點才會受到影響。利用移動工具將點往上移，使床板呈現彎曲型。

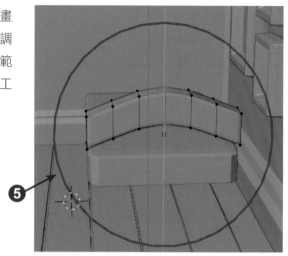

06 完成後關閉【比例化編輯物體】功能。選取床尾板下排所有點。(注意，透明化才能選到模型背後的點)

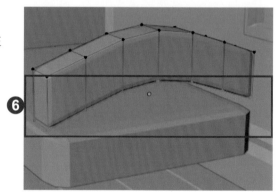

07 按「S」再按「Z」，往 Z 軸縮放並輸入 0，可使底部變成平面。

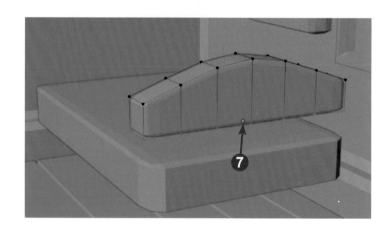

08 選取上方所有
面。

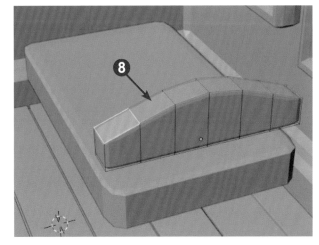

09 快捷鍵「E」
→右鍵,擠出新的
面,利用縮放工具
將面放大一點。

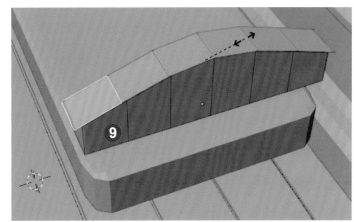

10 快捷鍵「E」
往上擠出適當大
小,即可完成床尾
板造型。

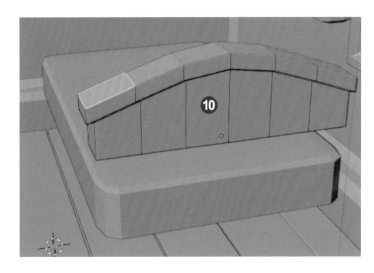

11 退出編輯模式將床尾板移至床板上方。

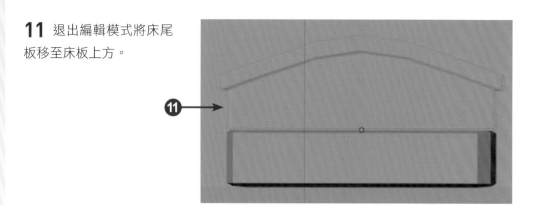

12 選取床尾板後,加入【鏡像】修改器,在【鏡像物體】右側點擊【🖊】選擇床板,並依據軸向設定鏡射軸,即可完成床頭板。

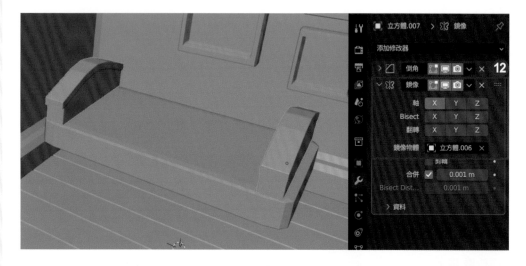

13 完成後點擊【套用】使床尾板應用修改器。

14 新增一個方塊,並縮放方塊用來製作床腳,最後加入【倒角】修改器。

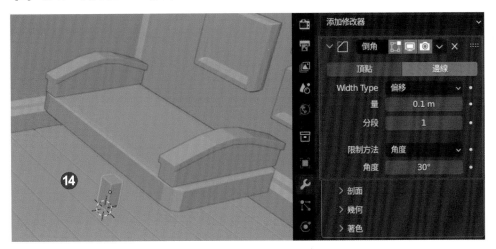

15 快捷鍵「Tab」進入床腳的線層級,「Ctrl+R」增加兩條橫線。

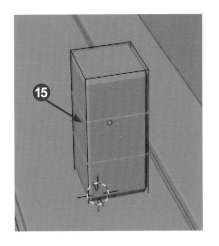

16 利用移動點的方式,調整床腳形狀,使床腳形成弧狀。

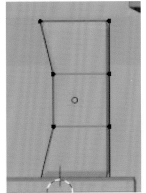

17 選取床腳最上方的面，將面縮小，製作出床腳造型。

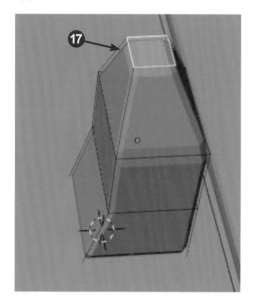

18 選取最上方的面，點擊快捷鍵「Shift+S」→【游標至作用中】或【游標至所選項】將游標設置在選取的面上。

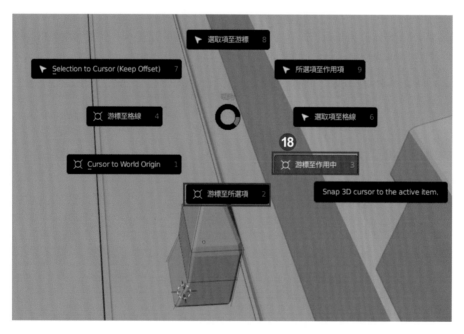

19 不要離開編輯模式，按快捷鍵「Shift＋A」→新增一顆 UV 球體，可以看到球體新增在上一個步驟設置的游標上。將球體縮放至合適大小，並移動至椅腳上方。即可完成。

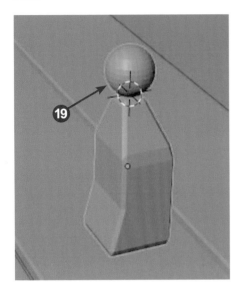

20 按「Tab」鍵離開編輯模式，會發現球體已與床腳合併，將床腳移動至適當位置。

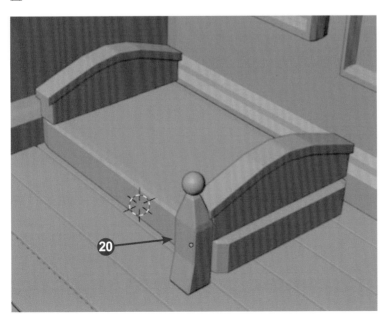

21 選取床腳後，加入【鏡像】鏡射修改器，將鏡像物體設為床板，並依據軸向設定鏡射軸，即可完成床腳。

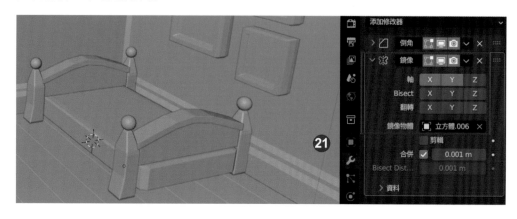

22 完成後點擊【套用】使椅腳應用修改器。

23 選取床板，快捷鍵「Shift+D」→右鍵，在原地複製新的床板作為床墊。利用移動縮放工具調整床墊並移至適當位置。

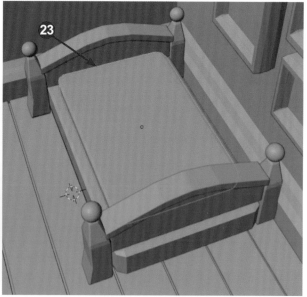

24 點擊快捷鍵「Tab」進入床墊的面層級，選取下圖所示的三個側面。點擊快捷鍵「Shift＋D」→右鍵，在原地複製新的面。快捷鍵「P」→【選取項】，讓複製出的面成為獨立個體。

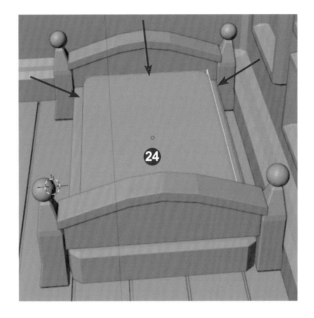

25 點擊快捷鍵「Tab」退出編輯模式，即可單獨選取到上一個步驟所複製的面。利用縮放工具將面放大一點，長度縮短一些，作為被子。

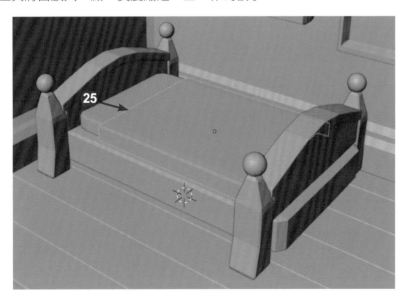

26 利用方塊製作一顆枕頭即可完成床。

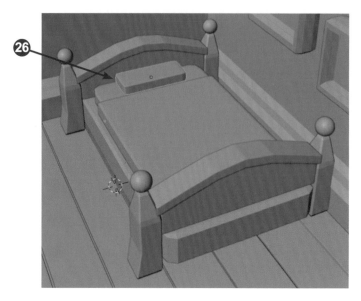

床邊櫃

01 快捷鍵「Shift+A」新增一個方塊,調整方塊大小用來製作櫃子。加入【倒角】修改器,調整【量】數值可以調整斜角大小,【分段】可調整斜角段數。

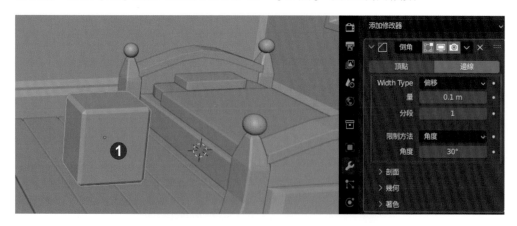

02 點擊快捷鍵「Tab」進入櫃子的面層級，選取上方的面，快捷鍵「E」→右鍵，擠出新的面，利用縮放工具將面放大一點。

03 快捷鍵「E」往上擠出適當大小，即可完成櫃子造型。

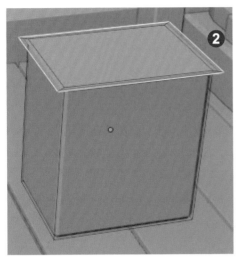

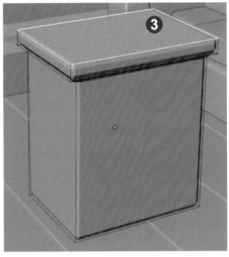

04 按「Ctrl+R」增加櫃子線段，將櫃子分為上下兩格。

05 選取櫃子前方兩個面，按快捷鍵「I」插入面，結束指令前按下「I」可以切換插入面模式。

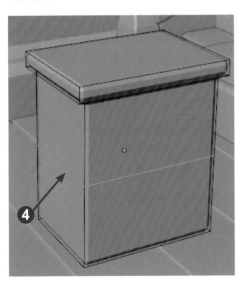

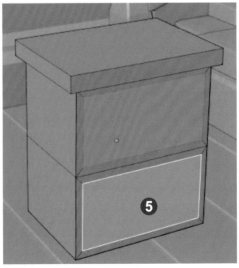

06 快捷鍵「E」往內推出適當深度即可完成櫃子,離開編輯模式。

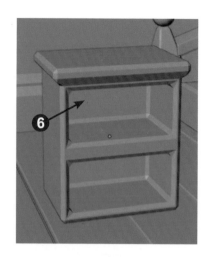

書
...

01 快捷鍵「Shift+A」新增一個方塊,調整方塊大小用來製作書本。加入【倒角】修改器,調整【量】數值可以調整斜角大小,【分段】可調整斜角段數。

02 「Ctrl+R」增加書本線段,並移動至接近邊緣處。

03 「Ctrl＋R」在書本上增加一條橫線。「Ctrl＋B」倒角功能使一條線變兩條線段。

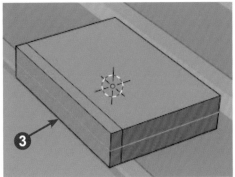 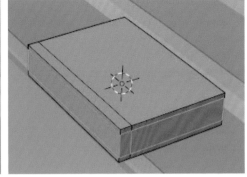

04 選取書本邊緣的三個面。

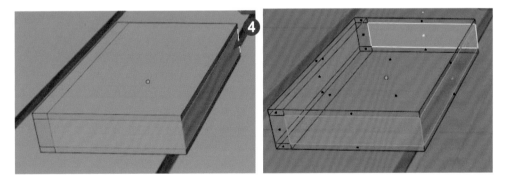

05 點擊「Alt＋E」→【Extrude Faces Along Normals】往內推製作書的內頁，離開編輯模式。

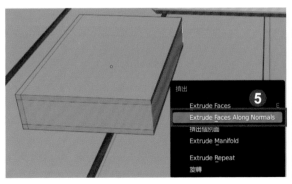 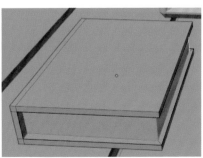

落地燈
. . . .

01 快捷鍵「Shift+A」新增一個圓柱體，左下角【添加圓柱體】→【頂點】設為 16。調整圓柱體大小來製作落地燈底盤。

02 點擊快捷鍵「Shift+D」往 Z 軸上複製，並將圓柱體拉長用來製作燈罩。

03 點擊快捷鍵「Tab」進入燈罩的面層級，選取上方的面，利用縮放工具縮小製作出燈罩造型。

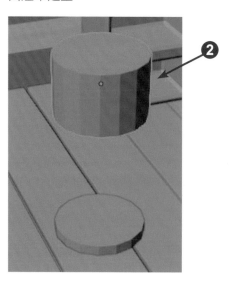

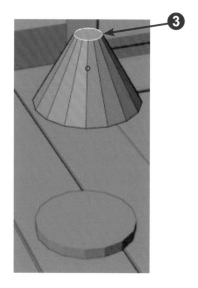

04 刪除燈罩最上方與最下方的面。點擊快捷鍵「Tab」退出燈罩編輯模式，添加【實體化】修改器來增加燈罩厚度。

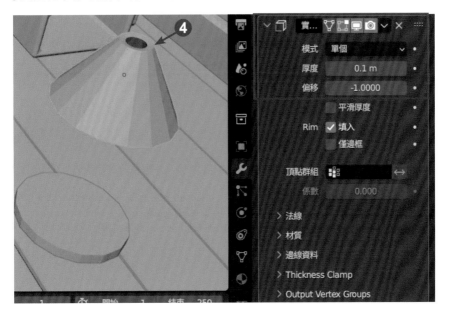

05 選取燈的底座，按「Tab」進入編輯模式，選底座上方的面，按「I」插入面，縮小插入面並按「E」擠出，即可完成落地燈。

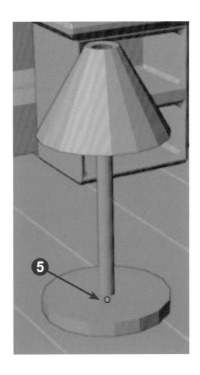

懶骨頭
. . . .

01 快捷鍵「Shift+A」新增一個方塊,並加入【細分表面】修改器,並將
【Levels】設為 3。完成後記得點擊【套用】應用修改器,用來製作懶骨頭。

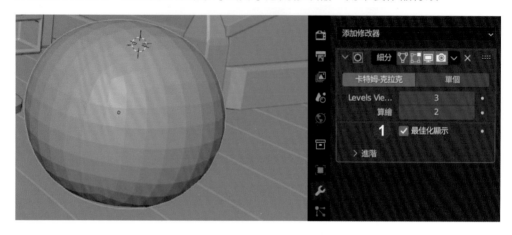

02 開啟視窗上方【比例化編輯物體】。

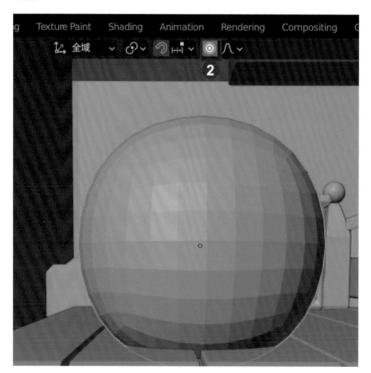

03 點擊快捷鍵「Tab」進入編輯模式，並選取最上方中間的點，將點往下壓扁一點。再選取最底部中間的點，將點往上移動一點，使模型呈現橢圓形狀。

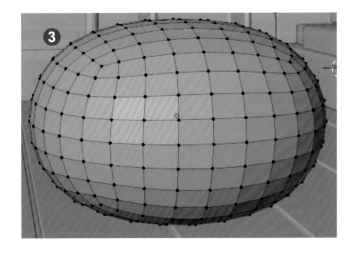

04 點擊視窗左上角下拉式選單→【雕塑模式】進入可以雕刻的模式。

05 使用【描繪】筆刷來繪製懶骨頭沙發凹陷處。

【半徑】可以調整筆刷大小。

【力量】可以調整筆刷強度。

【+-】決定繪製時是隆起還是凹陷。+ 號為隆起，- 號為凹陷。

06 在中間用筆刷繪製。製作出懶骨頭凹陷形狀。

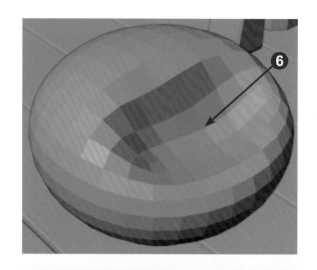

07 完成後從【雕塑模式】回到【物體模式】。選取懶骨頭點擊右鍵→【著色平滑】即可完成。

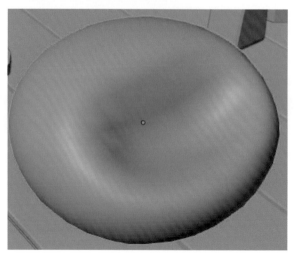

08 將製作完成的家具模型擺放至適當位置處即可完成。

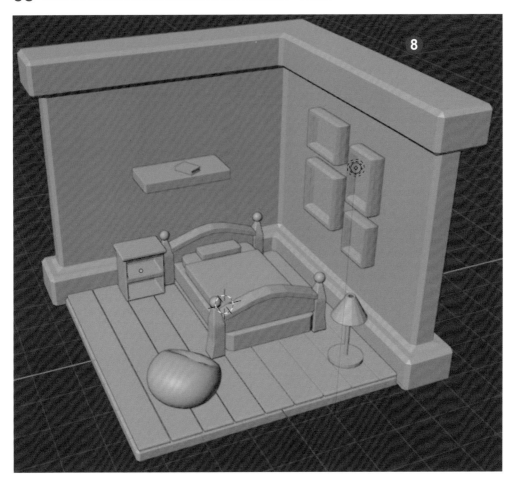

09 可參考第四、五章的材質與渲染設定,渲染小房間。

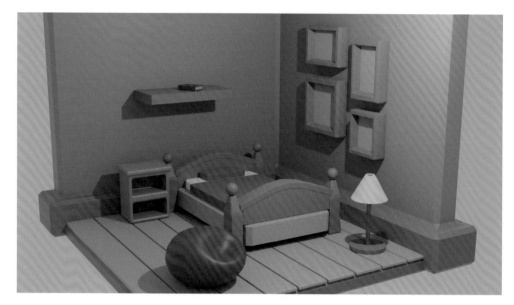

09

CHAPTER

角色製作實例

|9-1| Q 版動物頭部建模

01 新增一場景,按數
字「1」切換到前視圖。

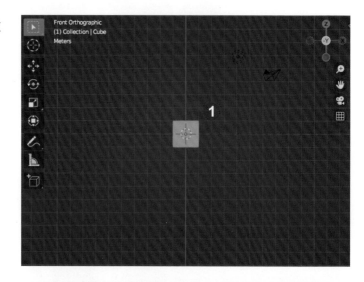

02 到右側【修改器面
板】→點擊上方【添加
修改器】→加入【細分
表面】修改器。

03 修改器中【Levels Viewport】
修改為2。

04 將游標移動到修改器屬性範圍
內，按「Ctrl+A」，套用修改器。

05 先使用縮放工具將球型稍微壓
扁。

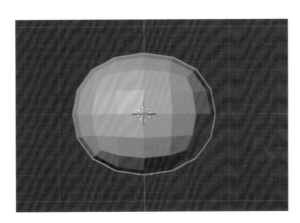

06 按「Tab」進入編輯模
式，選擇最上方的頂點，點
擊工作區上方【比例化編
輯】按鈕，移動頂點會影響
附近的點，接著按「G」→
「Z」使頂點按 Z 軸方向往上
移動一些，按「Tab」離開編
輯模式。

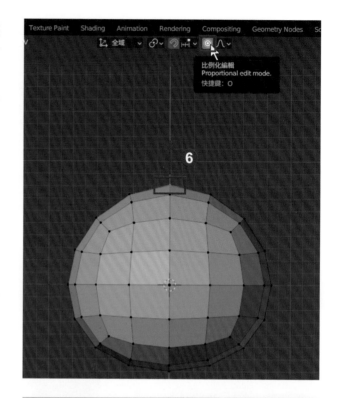

07 再次加入【細分表面】
修改器，【Levels Viewport】
修改為 2。選取此物件，按右
鍵→【著色平滑】。

08 按下「Alt+Z」，或點擊上方【 Toggle X-Ray 】模型變成半透明。

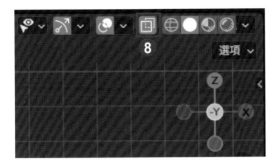

09 按「Tab」進入編輯模式，選取左半邊的所有頂點，按「X」刪除，選擇「面」。按「Tab」離開編輯模式。

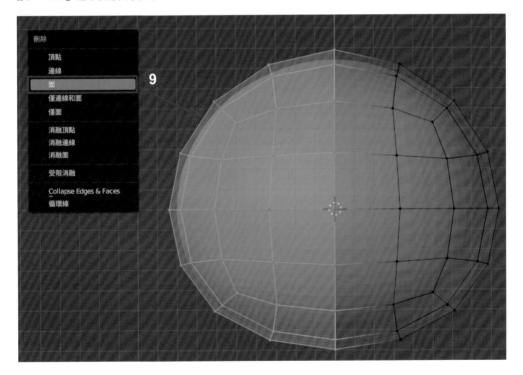

10 加入修改器【鏡像】，並且將【鏡像】修改器拖曳至【細分表面】修改器上方，表示球體是先鏡像再細分，並勾選【剪輯】，結果如右圖。

11 按下「Alt+Z」關閉透明化，按數字「3」切換右視圖，選取如圖所示頂點。

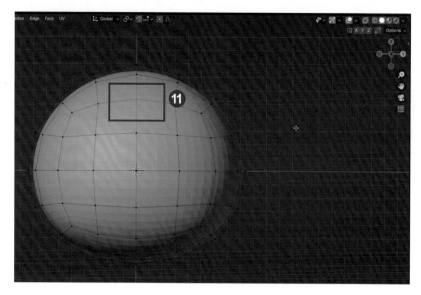

12 刪除所選頂點，結果如右圖。

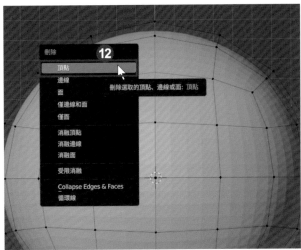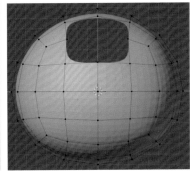

13 按住「Alt」，點擊破口的邊，可選擇環繞破口的所有頂點。

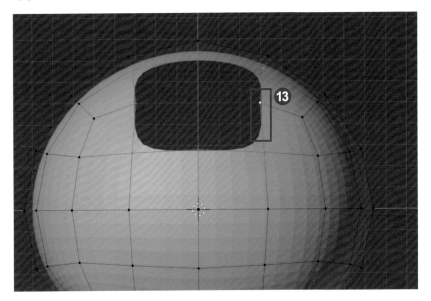

14 按「E」→「S」往中間新增面並縮小破口範圍。

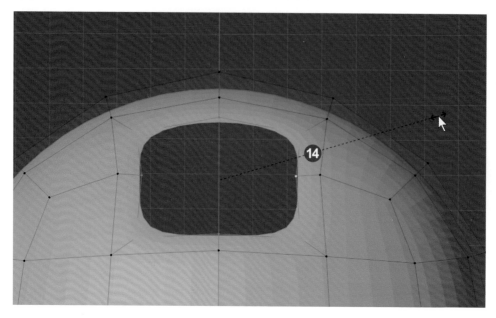

15 至工作區上方【網格】→【變換】→【至球體】，將缺口調成圓形。

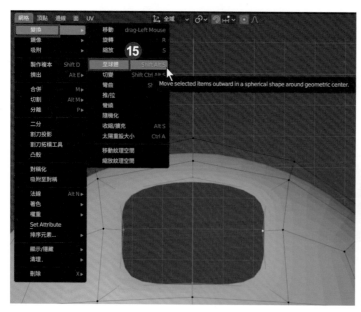

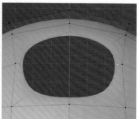

16 按「S」→「Y」調整 Y 軸大
小使其變成橢圓。

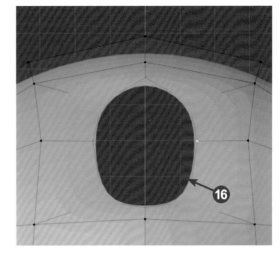

17 按數字「1」切換前視圖，使
用移動「G」將缺口往外移動。

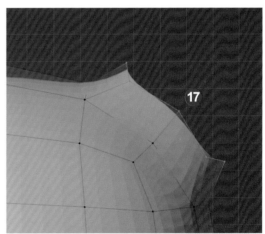

18 按照「E」(擠出) →「S」
(縮放) →「G」(移動) 順序重複
多次，調整成如圖顯示造型。

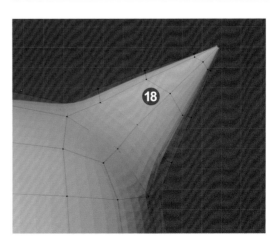

19 按「M」將所有頂點合併到中心，封閉缺口，結果如右圖。

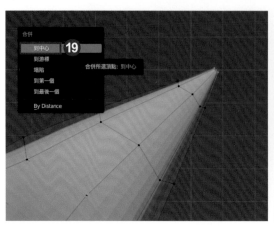 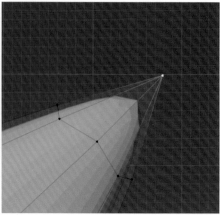

20 選擇如圖四個面，按「Shift+D」複製，按「G」→「Y」使其沿 Y 軸略為前移。

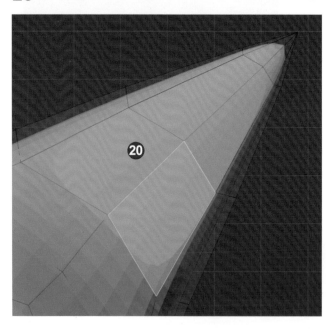

21 按「P」分離，選擇「選取項」。

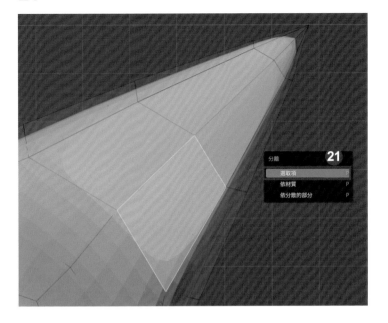

22 按「Tab」離開編輯模式，點選新分離的面，加修改器「實體化」。

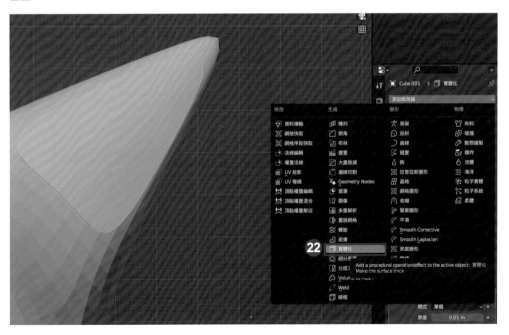

23 調整【實體化】編輯器順序到【細分】的上方。

24 將【實體化】修改器的【厚度】調為 0.07m 左右。

25 按數字「3」切換到右視圖,按下「G」略為調整位置。

26 點擊頭部物件,按「Tab」進入編輯模式,選擇如圖三個面。

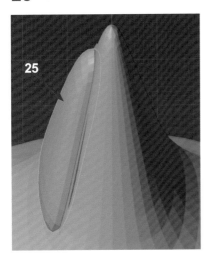

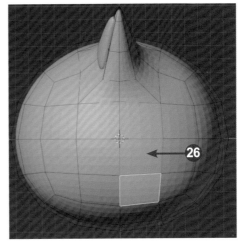

27 按數字「1」切換到前視圖,按右鍵→【擠出個別面】。

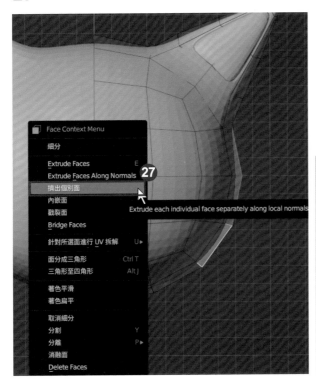

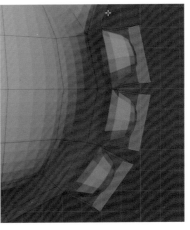

28 按數字「3」切換到右視圖，按「S」將面略為縮小（如左圖）。上下兩個面略為調整位置，使其較不歪斜（如中間圖）。再選擇三個面，按「E」擠出，再按「S」把面再縮小，略為調整位置（如右圖）。按「Tab」結束編輯模式。

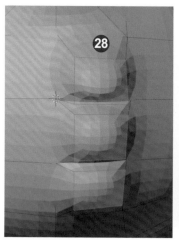
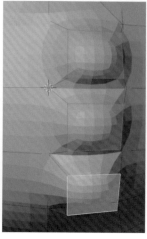

29 按「Shift+A」→【網格】→【UV 球體】，按「S」縮放至如圖大小，再按「E」旋轉。

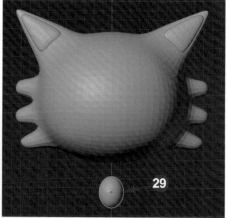

30 加上【鏡像】修改器，按「Tab」進入編輯模式，按「A」全選，利用移動與旋轉，調整如右圖鏡像的結果。

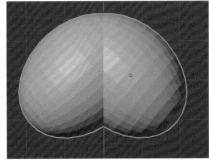

31 按「Tab」離開編輯模式，移動位置，適當縮放至如圖。

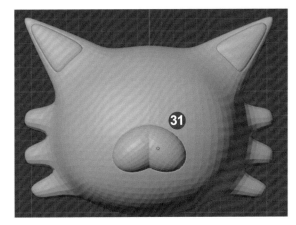

32 再新增一個【UV 球體】，適當縮放並移動至如圖所示。

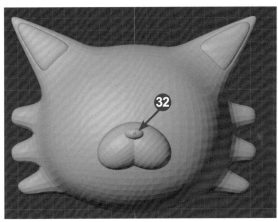

33 新增兩個【UV 球體】，適當縮放為角色眼睛大小。先選取小球再選大球，按「Ctrl＋J」使兩球合併同一個物件。

34 將球體加上【鏡像】修改器。按「Tab」進入編輯模式，將兩個球體移動到頭部靠上部分作為眼球。

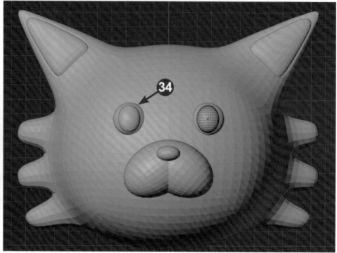

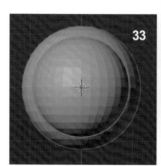

35 可以參考第四章，為頭部物件個別加上材質。以下為參考圖。

|9-2| Q 版動物身體建模

01 新增一個「立方」，適當縮小。

02 加入【細分表面】修改器，【Levels Viewport】設定為 2。

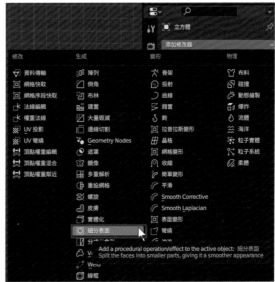

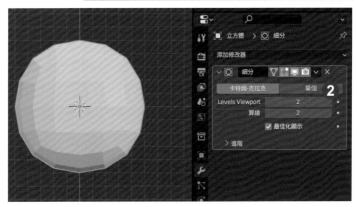

03 套用此修改器。

04 按「Tab」進入編輯模式，將最上方頂點往上移動，離開編輯模式。

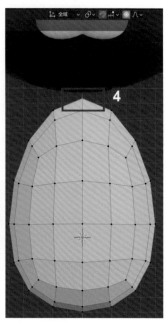

05 再加入【細分表面】修改器一次，【Levels Viewport】還是設定為 2。接下來按滑鼠右鍵→【著色平滑】。

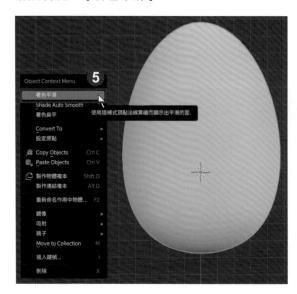

06 按「Tab」進入編輯模式，按「Alt+Z」切換透明化，選取左半邊及中間的頂點，按「X」選擇刪除「面」。

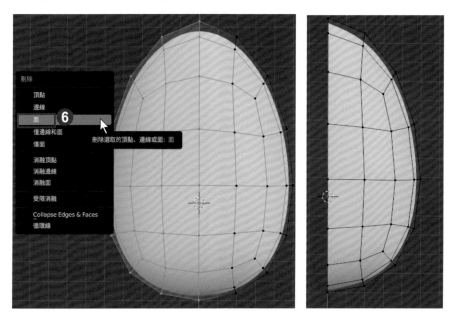

07 加入【鏡像】修改器，並將【鏡像】修改器移動到【細分表面】修改器上方。將【細分表面】修改器的【於罩體】按鈕點擊開啟，可以看到加入修改器的最後結果。【鏡像】修改器的【剪輯】勾選，使左右鏡像不會互相交錯。

08 按下數字「3」切換到右視圖,進入編輯模式,選取如圖當中的頂點並刪除,結果如右圖。

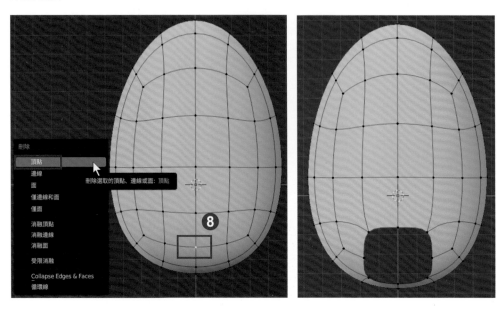

09 按住「 Alt」並點擊開口邊緣的線段,可一次選擇開口的所有頂點。

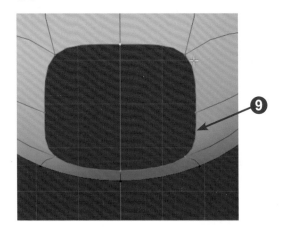

10 點選上方【網格】→【變換】→【至球體】。

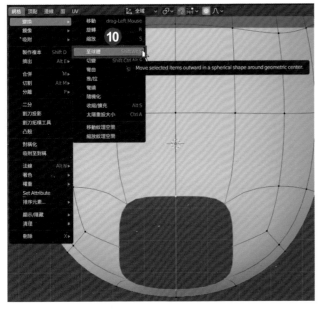

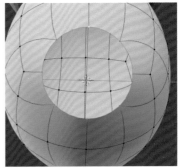

11 按數字鍵「1」切換到前視圖,按「E」擠出動物的腳。

12 按「S」縮放→「Z」沿 Z 軸方向→數字鍵區的「0」→「Enter」,使選取的頂點高度一致。

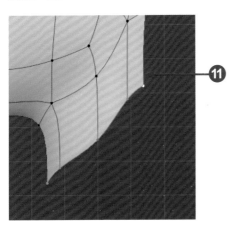

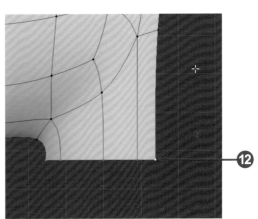

13 再沿 Z 軸方向擠出兩次。

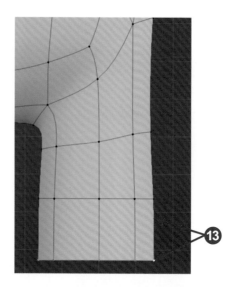

14 再按「E」擠出，按「S」縮放兩次，按「M」→【到中心】，合併開口。

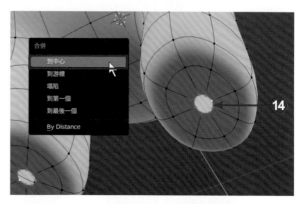

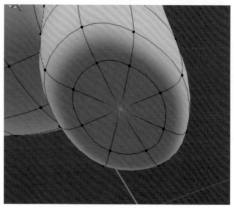

15 按數字鍵「3」切換到右視圖,選擇如圖框選的頂點並刪除。

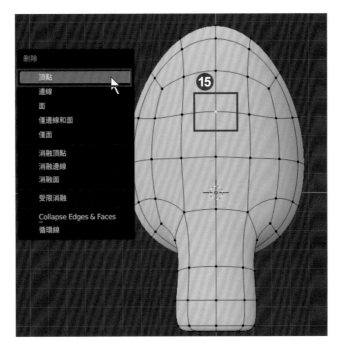

16 接下來與步驟 9 ～ 14 類似,畫出手臂。若造型不夠圓滑,可自行調整頂點位置微調。

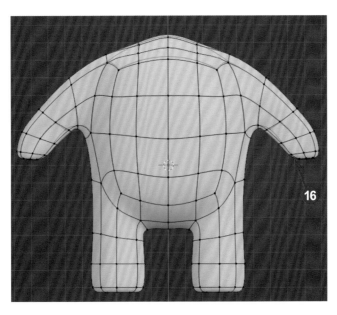

17 離開編輯模式，選取身體與頭，按「Ctrl＋J」合併為同一個物件。

18 將身體套上材質即可完成。

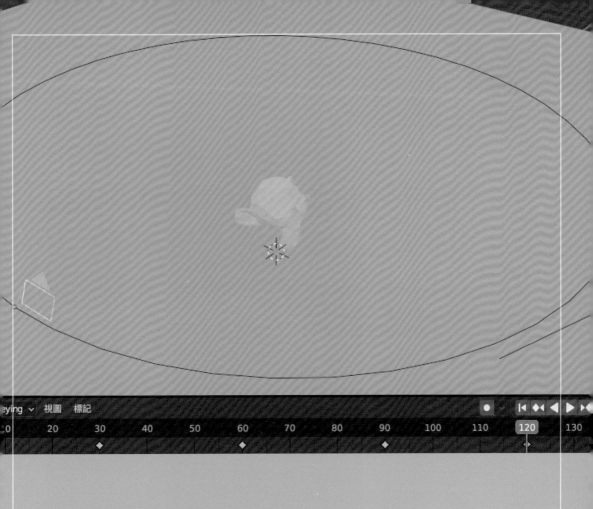

10

CHAPTER

特效與動畫製作

|10-1| 動畫

製作動畫
. . . .

01 開啟〈動畫.blend〉。

02 點擊「猴頭」，然後按「I」，選擇【Location, Rotation, Scale & Custom Properties】。此時在時間軸播放磁頭所在位置上會出現一個黃色菱形符號（代表關鍵影格），用來記錄猴頭的位置、旋轉與比例。

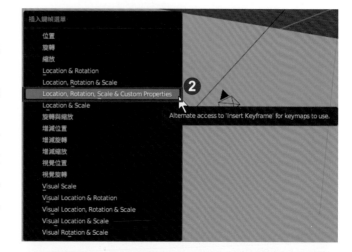

播放磁頭 →

關鍵影格　　　　　　　影格

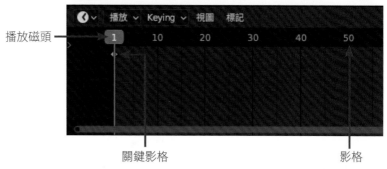

03 在時間軸面板上，點擊【自動鍵處理】。

04 拖曳播放磁頭至適當影格處（本例為第 30 影格），並且改變猴頭的位置、大小或角度等等，即可完成一段動畫。

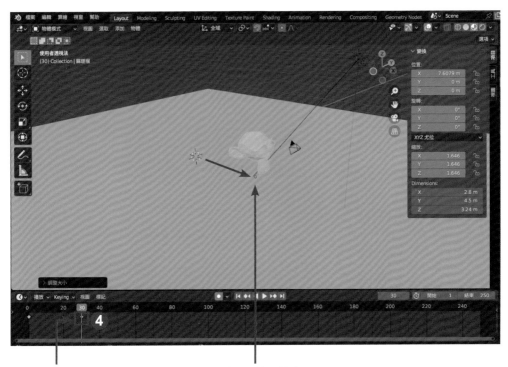

因為有開啟自動鍵處理，
所以自動加上關鍵影格

移動至此並且放大

05 可按「播放鍵」觀看動畫效果。

06 若需要延長動畫，可重複執行上述步驟 4，即拖曳播放磁頭至適當影格處，並且改變物件位置、大小或角度，即可完成另外一小段動畫，右側可以設定動畫開始與結束時間。

路徑動畫

. . . .

運用曲線圓,使攝影機按照曲線圓的路徑移動,製作展示物品動畫。

01 開啟〈動畫 .blend〉。

02 切換至上視圖,按下「Shift+A」→【曲線】→【圓】。

03 調整曲線圓大小。

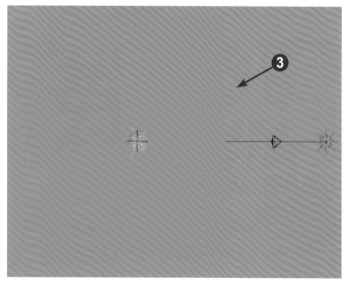

04 切換至側視圖（前或左皆可），調整曲線圓的 Z 軸高度。

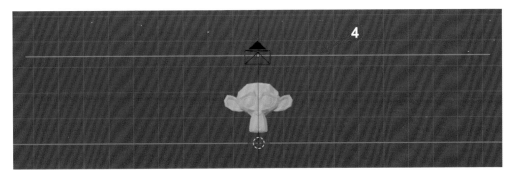

05 選取攝影機，到右側【Object Constraint Properties（物件約束屬性）】。再點擊【添加物體約束】，從下拉式選單中選擇【跟隨路徑】。

06 點擊【目標】欄位右側滴管，再到場景中點擊貝茲圓。

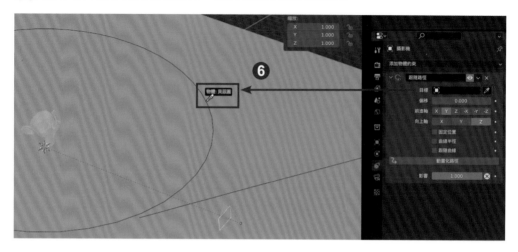

07 按快捷鍵「Alt+G」，攝影機的位置座標 XYZ 變成 0，此時可見攝影機移動到貝茲圓上。

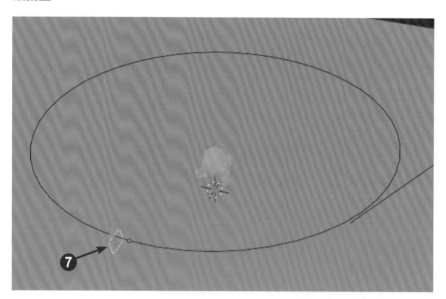

小秘訣

選取物件，按「Alt+G」表示位置的 XYZ 值變成 0，「Alt+R」旋轉的 XYZ 值變成 0，「Alt+S」縮放的 XYZ 值變成 0。

08 勾選【跟隨曲線】，上方【前進軸】選擇【-Y】，此時場景可見攝影機對著猴頭。

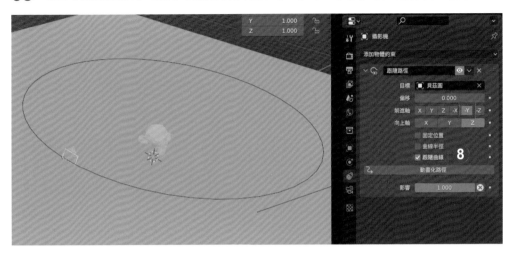

09 點擊【偏移】最右側小白點使其變成白色菱形，此動作會同步在時間軸上加入關鍵影格。

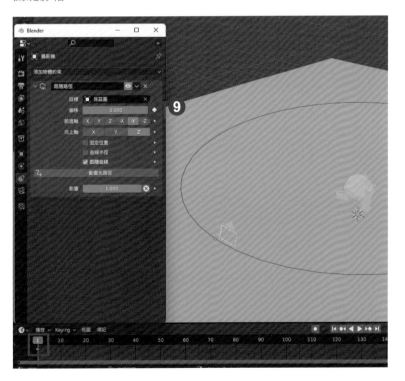

10 拖曳播放磁頭至影格 30，設定偏移為 -25；再拖曳影格 60，偏移為 -50；影格 90，偏移為 -75；影格 120，偏移為 -100。注意，每次偏移數字設定之後，請點擊偏移最右側的白色菱形，使其變成實心菱形，才會出現關鍵影格。

影格 30，偏移 -25

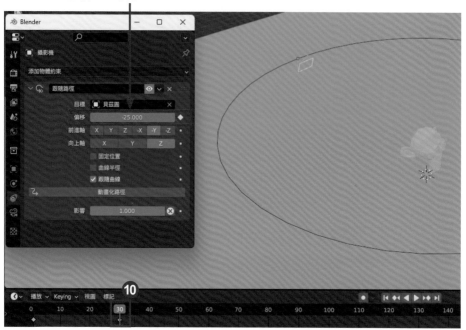

影格 60，偏移 -50

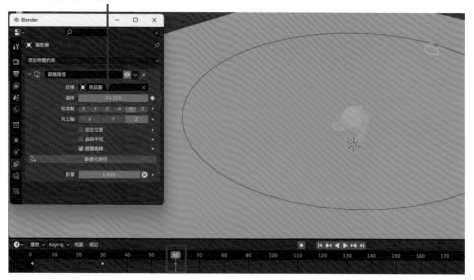

影格 90，偏移 -75

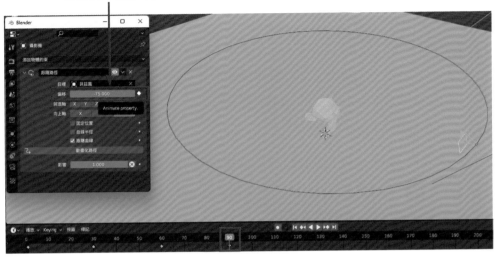

影格 120，偏移 -100

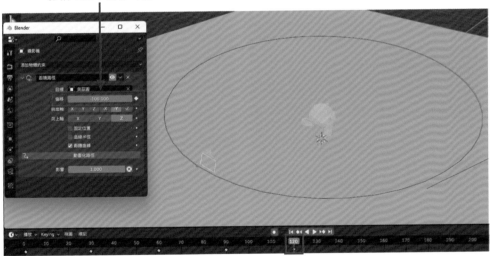

只有在選取攝影機時，才能看見攝影機的關鍵影格。

11 設定完畢之後可以按播放鍵，此時可見攝影機沿著貝茲圓移動，也可切換到攝影機視角觀看動畫。

12 若要輸出動畫，到右側算圖面板，先選擇渲染器引擎。（本例先使用 Eevee 渲染器）

13 到右側輸出面板，根據需求更改解析度 X 與 Y。

14 幀率設定為 30，表示每秒 30 個影格。

15 【框幀區間】的【結束】設定為 120，最後輸出的動畫為 1 到 120 影格。

16 點擊【 ▣ 】設定輸出的資料夾路徑，再更改【檔案格式】為「AVI JPEG」，最後按快捷鍵「Ctrl+F12」即可算繪動畫。

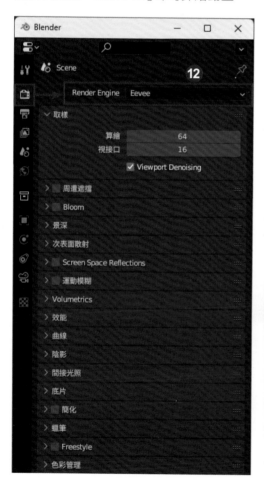

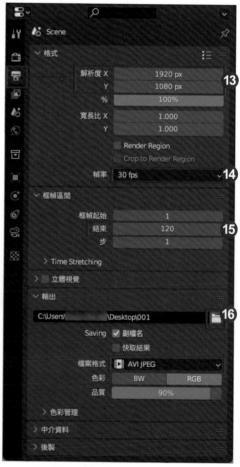

|**10-2**| 特效

本小節會介紹如何建立粒子系統與力場。

粒子系統
. . . .

01 利用快捷鍵「Shift＋A」建立一個平面。

02 選取平面，點擊右側【　　】粒子系統面板。

03 按下【　＋　】建立新的粒子系統。

04 按下方的播放按鈕或鍵盤的空白鍵，可以播放動畫，會發現從平面的位置發射出球型粒子。

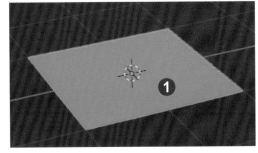

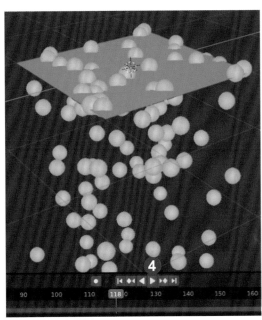

05 Emission 下方是發射粒子的設定。【Number】設定粒子數量，輸入 200 使粒子減少。

06【框幀起始】是粒子開始發射的時間。【結束】是粒子停止發射的時間。【生命期】是粒子發射後，存活的時間。

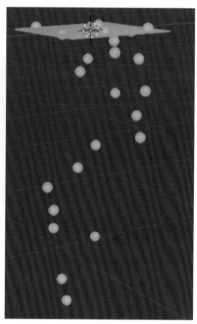

07 展開【速度】選項，【法線】是與平面垂直方向的速度，輸入 0，表示沒有速度，球體只會因為重力往下落下。

08 物體對齊 X、Y、Z 可以產生不同軸向的速度。

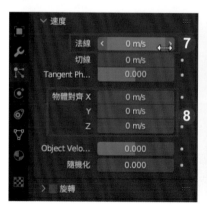

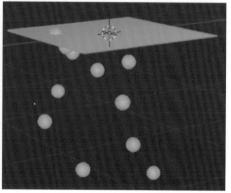

小秘訣

若不需要重力,可點擊【  】場景
面板,取消勾選【重力】,則球體不
會往下掉,目前先保持勾選。

09 在粒子系統面板展開【算繪】選項,
【Render As】選擇【物體】,點擊【 ✏ 】
可以選擇自行準備的模型。

10 此處先按「Shift+A」→【網格】→【猴頭】,建立猴頭,再點擊【 ✏ 】,選取
猴頭。

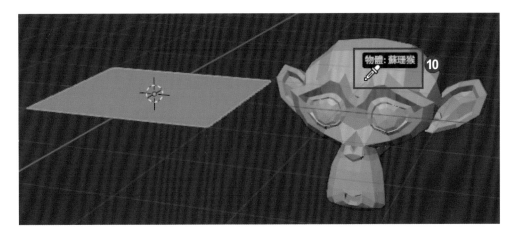

11【縮放】可以調整猴頭的大小。

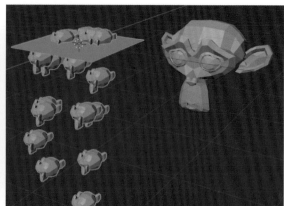

12 隱藏步驟 10 建立的蘇珊猴物件。（若刪除蘇珊猴，則粒子系統的猴頭也會消失。）

力場

01 按「Shift＋A」→【力場】→【風】，建立風力。

02 將風力移動到猴頭旁邊，粒子系統會被風力影響方向。

03 點擊【  】物理面板，【力量】可以調整風的強度。

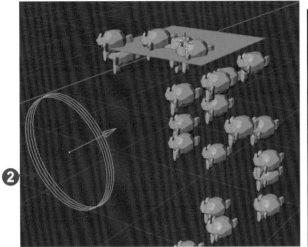

04 猴頭會被吹得較遠。

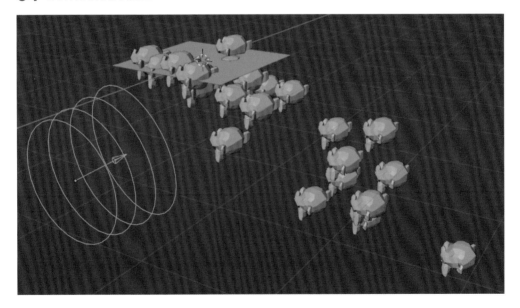

05 可以切換不同類型的力場，【力場】切換為【磁力】，則猴頭會被吸引過去。

 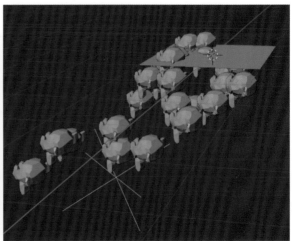

06【力場】切換為【渦流】，則猴頭會以螺旋的方式移動。

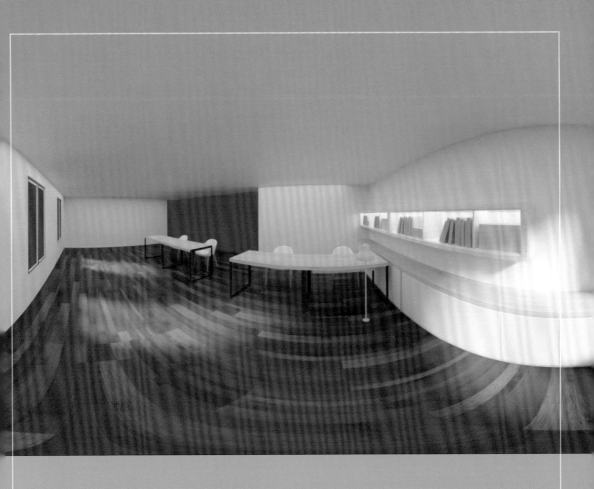

A

元宇宙虛擬空間

若想要將 Blender 製作的虛擬空間，上傳到網路上的虛擬平台，在虛擬平台上切換不同的站立位置、觀看不同的角度，必須做到以下幾點設定。

|A-1| 攝影機的站點設定

01 以下將使用範例檔〈360.blend〉做講解，在房間的兩個角落設定站點的位置。首先按鍵盤右側數字「7」切換到上視圖，按住「Shift」在左上角按滑鼠右鍵設定 3D 游標。

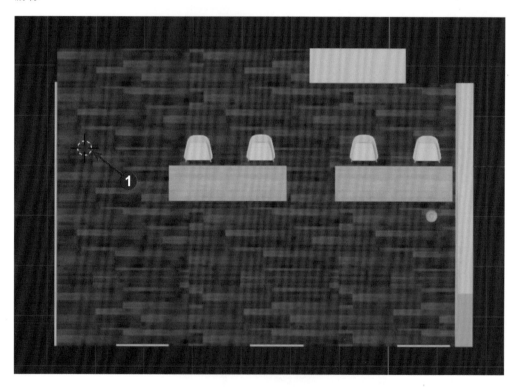

02 按「Shift+A」→【空體】→【純軸】，建立空的物件，表示站點的位置。

03 再按一次「Shift+A」→建立【攝影機】，用來設定站點的視角，以及製作 360 度的全景圖。

04 建立完攝影機，在左下角設定【位置 Z】為 1.5m，此為攝影機高度。【旋轉 X】角度為 90 度，之後所有的攝影機皆朝向同一個方向。

05 右側切換到攝影機面板，類型選擇【透視法】，焦長 28mm。

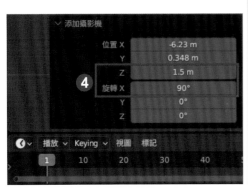

06 按住「Shift」，拖曳攝影機到空體。（新版 Blender 攝影機必須在空體之下，才能偵測到正確的站點位置）

07 拖曳完成如左圖，在空體上點擊左鍵兩下修改名稱，區別不同的攝影機，如右圖。

08 完成第一台攝影機的設定，如下圖。

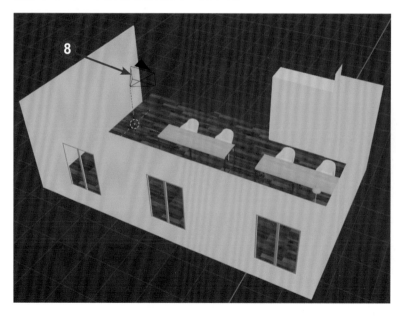

09 重複相同步驟來建立第二台攝影機，下圖為第二台攝影機位置與階層關係。

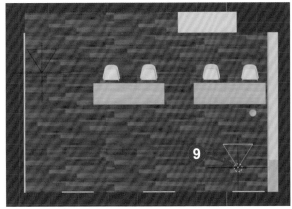

10 完成如下圖所示，就能將檔案匯出成可以上傳的格式。

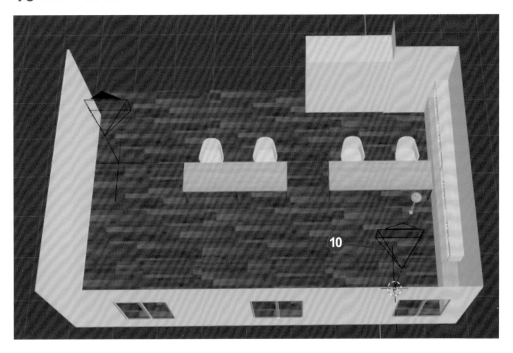

11 點擊【檔案】→【匯出】→【gltf 2.0（.glb/.gltf）】。

12 展開【Include】→勾選【攝影機】，使匯出的檔案保留攝影機的資訊，按下【匯出 gITF 2.0】。

|A-2| 攝影機的全景圖

01 接下來要渲染每一台攝影機的 360 度全景畫面。

02 切換到渲染設定面板,【Render Engine】→【循環】,渲染引擎必須是循環 (cycle)。

03 切換到輸出設定面板,輸出的尺寸,寬與高比例必須要 2 比 1,此處先設定 2000 與 1000。

04 圖片的檔案格式選擇【JPEG】。

05 點擊攝影機 01 的【📹】按鈕，將攝影機 01 設定為目前渲染的視角。

06 切換到攝影機面板，類型選擇【全景】，全景類型選擇【等距長方】。

07 按下鍵盤「F12」渲染攝影機 01 的畫面。

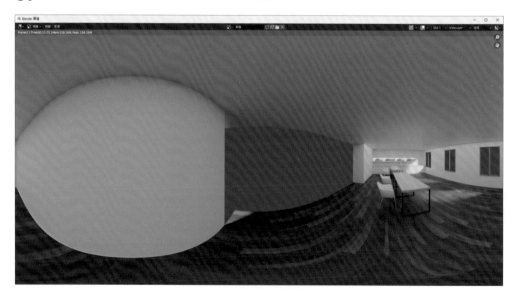

08 渲染完，點擊【影像】→【儲存】。

09 名稱改為「攝影機 01」，按下【另存為影像】。

10 重複相同步驟，點擊攝影機 02 的【  】按鈕，將攝影機 02 設定為目前渲染的視角。

11 切換到攝影機面板，類型選擇【全景】，全景類型選擇【等距長方】。

12 按下鍵盤「F12」渲染攝影機 02 的畫面並儲存圖片。將完成的 glb 檔案與全景圖片，依照虛擬平台的流程來上傳，即可完成一個元宇宙的虛擬空間。

Blender 3D 動畫設計入門

作　　者：邱聰倚 / 姚家琦 / 劉庭佑 / 劉耀鴻
企劃編輯：石辰蓁
文字編輯：江雅鈴
設計裝幀：張寶莉
發 行 人：廖文良

發 行 所：碁峰資訊股份有限公司
地　　址：台北市南港區三重路 66 號 7 樓之 6
電　　話：(02)2788-2408
傳　　真：(02)8192-4433
網　　站：www.gotop.com.tw
書　　號：AEU017300
版　　次：2023 年 12 月初版
建議售價：NT$520

國家圖書館出版品預行編目資料

Blender 3D 動畫設計入門 / 邱聰倚, 姚家琦, 劉庭佑, 劉耀鴻
著. -- 初版. -- 臺北市：碁峰資訊, 2023.12
　　面；　　公分
　　ISBN 978-626-324-679-9(平裝)
　　1.CST：電腦繪圖　2.CST：電腦動畫
312.866　　　　　　　　　　　　　　112018668